馬修・迪克森 *Matthew Dixon* 尼克・托曼 *Nick Toman* 瑞克・德里西 *Rick Delisi* 合著｜陳琇玲 譯

商周出版

別再拚命討好顧客

The Effortless Experience

Conquering the New Battleground for Customer Loyalty

獻給ＣＥＢ公司在全球各地的會員，感謝你們每天提出各式各樣的挑戰，
讓我們竭誠達成使命，提供值得你們費心關注的精闢見解。

推薦序　讓顧客鬆一口氣／丹・希思　7
推薦序　降低服務流程的費力程度才是重點／任維廉　13
推薦序　客戶為什麼忠誠？／盧希鵬　15
前言　別以為取悅顧客就有用　19
第一章　顧客忠誠度的新戰場　23
第二章　顧客為什麼喜歡自助服務　67
第三章　客服最問不得的蠢問題　111
第四章　無力可使並不表示你無計可施　137
第五章　管理客服人員要欲擒故縱　177
第六章　善用顧客流失偵測指標　219
第七章　建立為顧客省力的客服制度　245
第八章　打造為顧客省力的企業　281

目錄

謝詞　主要貢獻者　291

附錄

附錄A：問題—管道對應工具　300
附錄B：問題解決百寶箱　302
附錄C：客服人員常用的否定用語（供訓練人員使用）　304
附錄D：顧客費力程度分數第二版：入門手冊　305
附錄E：顧客費力程度評量——簡單調查問題　306
附錄F：顧客費力程度稽核　309
註解　313

推薦序

讓顧客鬆一口氣

二〇一二年七月十六日，知名網路鞋店Zappos的客服人員雪亞接到客人麗莎的電話。兩人的交談內容從鞋子，聊到電影和愛吃的食物等諸如此類的生活大小事。講著講著雪亞還必須請客人等一下，讓她先去上洗手間再回來聊，這通客服電話總共講了九小時三十七分鐘。「有時候，客人打電話進來只是想找人講講話、聊聊天，」Zappos的另一位客服人員這樣說。[1]

諾德史東百貨（Nordstrom）在北卡羅萊納州的一間分店，有位保全人員發現一名婦人在地上爬來爬去，神情慌張像在找什麼東西。原來，這名婦人把手上戴的訂婚鑽戒弄丟了。這位保全人員跟百貨公司的二名店員一起幫忙找，找了很久都沒找到鑽戒，最後終於從吸塵器集塵袋裡翻出那只鑽戒。[2]

某個晴朗無雲的夜晚在夏威夷茂伊島的四季飯店，酒保無意間聽到一對來度蜜月的新婚夫妻談到月色有多美。隔天早上，有人敲敲這對夫妻的房門，讓他們驚喜的是，門口來了美國太空總署行政人員，拿了二套太空人的服裝，面帶微笑地說：「猜猜看，今天誰能搭乘我們的太空梭？兩位最好帶個包包，到月球上裝些石頭回來做紀念。」

對啦，最後一個故事是我瞎掰的。

不過，前面那二個故事可是真人真事。而且，你可能聽過很多類似的故事。我們生活在顧客服務的黃金時代，許多負責顧客服務的主管明確表態，他們的目標就是要「取悅顧客」。（附帶一提，在嚴肅的商場中，「取悅顧客」這種說法聽起來可真是奇怪。我們也該努力「催眠員工」，讓「供應商開心」嗎？）

取悅顧客這個概念當然是指，顧客服務這項作業應該努力提供最好的服務，好到讓顧客驚喜萬分、永生難忘，開心到不行。

這種目標很崇高，但是，萬一這麼做其實大錯特錯，那該怎麼辦？

事實上，要是這些口耳相傳討顧客歡心的服務故事，只是再三催眠客服主管，誘使他們偏離更有效明智的使命，那該如何是好？

有時候，這類服務故事太有說服力，讓客服主管不假思索就跟進，無法做出理性的判斷。在YouTube網站「發現」素人而締造灰姑娘傳奇就能說明此事。幾年前，旅行者樂團（Journey）首席吉他手尼爾．雄恩（Neal Schon）突然在YouTube上看到亞奈爾．派達（Arnel Pine）這位菲律賓人演唱旅行者樂團的幾首成名曲，派達唱得相當好，這一系列的影片讓雄恩驚為天人，最後邀請派達擔任旅行者樂團的新主唱。另一個靠YouTube爆紅的歌手則是加拿大年輕偶像賈斯汀．畢柏（Justin Bieber）。

這些YouTube灰姑娘傳奇具備動人故事的所有要素：有能成名又討人喜歡的英雄人物。這種意外發現的戲碼，一夕致富的劇情極具感染力。但是我們必須小心，別把精彩的故事跟絕妙的策略混為一談。事實上，賈斯汀因為網路爆紅並不表示，想闖出名號的年輕歌手該拿出所有積蓄製作影片上傳YouTube，因為真正透過這種方式爆紅的人，機率就跟中樂透一樣低（但是大家心裡都這麼想：一定有人會中獎，為何不是我？）

同樣地，大家愛聽棘手的客服故事，這並不表示客服主管應該加把勁，要下屬落實超棒的服務。問題不在於這種讓顧客驚喜的服務未必可能落實，也未必有讓企業爆紅的可能。坦白說，任何客服人員經過訓練後，都有辦法跟顧客聊上九小時之久。（「請先把你的郵遞區號告訴我。謝謝巴克利太太。現在，我們就從妳小時候開始聊起吧。」）

真正的問題出在「取悅顧客」這個目標雖然激勵人心，卻可能讓企業誤入歧途。大多數企業跟諾德史東百貨或Zappos截然不同，不是以服務做為品牌的賭注。我們真的需要信用卡公司或公用事業公司努力「取悅」我們嗎？（就我個人來說，我只希望在撥打客服專線按過帳號的八秒後，不需要再跟客服人員大聲說一次帳號，這樣我就很滿意了。）

或許顧客服務應該守多於攻，不必卑躬曲膝地取悅顧客，而是要避免顧客在接受服務時感到受挫和受到怠慢。要是服務的精髓不在於取悅顧客，而在於讓顧客鬆一口氣，也就是讓顧客的問題能迅速解決而如釋重負，情況會是怎樣呢？

在接下來的章節裡，你會看到精彩深入的企業調查報導，以系統化的調查，揭露出寶貴的真相。我認為每本商業書都該跟《別再拚命討好顧客》這本書看齊，要提出有研究佐證的實用建議，還要妙筆生花讓人愛不釋手。

在閱讀這本書的同時，你會發現「客服部門究竟該以取悅顧客為目標，或是以讓顧客鬆一口氣為目標？」這個巨大迷思的解決方案，也會遇到許多像下面這些令人迷惑的小謎團：

- 下列哪種情況更讓顧客生氣，是顧客致電客服中心時被一再轉接，或是被迫一再重複說明資訊？
- 當Linksys停止提供透過電子郵件服務顧客，會發生什麼事？該公司的成本會增加或減少？人們會改以電話或自助式服務來解決問題嗎？
- 許多家公司已經開始追蹤獲得「一次解決」的顧客人數，這種看似精明的衡量標準有什麼重大缺失？（「一次解決」指的是，打一通電話就順利解決問題的顧客人數。）

趕快看下去，就能解答上面這些問題。如果你發現這本書的見解讓你相當滿意，想找人討論一下，別忘了Zappos的客服人員隨時待命，準備接聽你的電話……。

丹．希思（Dan Heath）

《零偏見決斷法》（*Decisive*）、《改變，好容易》（*Switch*）及《創意黏力學》（*Made to Stick*）合著者

推薦序

降低服務流程的費力程度才是重點

任維廉

今天很多公司面對的重要問題是：如何衡量與管理「服務品質」與「顧客忠誠度」。對公司客服主管，乃至中高階主管而言，常常兢兢業業於努力提高服務品質，總是再三強調在員工與顧客互動的關鍵時刻能創造驚喜、取悅顧客的故事。

提升服務品質、取悅顧客，的確能提升顧客短期的滿意。但我們更應該先宏觀思考一下，不計代價的取悅顧客真的能提升顧客忠誠，乃至於提升公司的長期財務績效？還有，除了服務品質之外，是否還有其他影響顧客忠誠的重要因素？若不能全面關照，就會產生似是而非的迷思，無助於公司管理。

以航空公司為例，若從旅客評估服務品質與旅客忠誠的過程來看，旅客是否忠誠於現在服務之提供者，取決於留下之效益（知覺價值）與成本（移轉成本）之比較權衡。而知覺價值又取決於知覺之效益（服務品質）與成本（經濟成本與交易成本）之比較權衡。故若過度強調服務品質，則會低估了三類成本的影響：（一）經濟成本：它不但包含貨幣形式的票價，還包含非貨幣形式的等候與服務時間。（二）交易成本：旅客希望加速流程，但若公司績效差，會造成顧客交易困難。（三）移轉成本：若要移轉到其他公司去，需要蒐集替代者資訊，還要冒新提供者替代能力不足的風險。

想想你下次出差會選擇哪家航空公司？優先選擇最會取悅旅客的那家？還是排除經驗上服務不如預期的航空公司（例如把你的行李搞丟了）後，綜合考量價格、班機時間……再做挑選？

馬修．迪克森等人合著的新書《別再拚命討好顧客》，就是基於對顧客服務的全面調查，他們納入很多顧客忠誠影響因素的構面，並應用問卷調查、計量模式做實證研究。他們的研究結果有很多管理意涵：公司太高估關鍵時刻點取悅顧客（服務超過顧客期望）所創造的忠誠度，卻未適度留意顧客購買前後、從頭到尾的完整經驗歷程。其實公司應該設法降低整個顧客流程的費力程度，只要兌現承諾，做到應有的服務，讓顧客輕鬆完成服務，他們就會滿意。就算出問題，只要能迅速解決，他們還是會接受的。

（本文作者為交通大學管理學院運輸與物流管理學系暨EMBA教授）

推薦序

客戶為什麼忠誠？

盧希鵬

客戶為什麼會忠誠？

有人說，服務滿意的客戶就會忠誠？我對許多餐廳都很滿意，但是好像都沒有去第二次。那麼，服務不滿意的客戶會不會忠誠？我對學校地下室的餐廳服務不夠滿意，但是想想，過去一年好像天天在那裡用餐，為什麼？

一般而言，建立忠誠度，有兩種方式：其一是讓消費者喜歡你的「喜好性忠誠」（affective loyalty）；另一是讓使用者毫不費力的「習慣性忠誠」（inertia loyalty）。我的商業模式很簡單，就是「知道、喜歡、交易」三個步驟。但是，知道不一定會喜歡、喜歡不一定要忠誠。每個步驟之間，都有一個門檻。最近客戶體驗設計的思維很夯，但是我要提醒大家，體驗設計的目的不只能停留在知道與喜歡兩步驟，更在毫不費力的習慣性忠誠。因為忠誠，能夠降低客戶的交易成本。

這個道理很簡單，有許多餐廳我都很滿意，但是好像很少去過第二次；我對我們學校的餐廳，雖然還不夠滿意，但是回想過去一年，幾乎天天去！因為，**學校餐廳雖然少了驚奇與服務，但是多了毫不費力的優點，我的交易成本很低，所以我習慣性地忠誠。**

談到客戶關係管理，許多人都會提到王永慶先生小時候賣米的故事。據說王永慶先生小時候賣米時，都會仔細記下每一家客戶的個人資料以及紀錄米的消耗量。經過簡單的預測模式，總是在主要客戶米快用完之際，主動上前賣米，因此能夠持續與大戶建立關係，並且做生意。

許多人引用這故事時，大多站在「企業」的角度，強調企業要能確認誰是有價值的客戶（Identify and Differentiate），並且設法與客戶互動、蒐集資料、並提供客製化的服務（Interact and Customize），這就是唐．裴伯斯（Don Peppers）的「一對一行銷」的IDIC模式。但以企業一廂情願的客戶關係管理，常常成為「擾民」的客戶關係。試想，如果一百家與我交易過的企業都想與我建立一對一關係，我豈不就是一對一百了，我將會不勝其擾。

所以，客戶開始喜歡自我服務，但是要毫不費力。

當我聽到王永慶小時候的賣米故事時，我卻喜歡從「顧客」的角度來看。買方為什麼願意繼續向王永慶買米？是因為交易比較容易，毫不費力。買米本身要花力氣，當王永慶降低了客戶的「交易成本」，買方自然願意與王永慶建立關係。

你喜歡跟服務良好的米商做生意（喜好性忠誠），還是跟讓你買米毫不費力的店家做生意（習慣性忠誠）？原來，**客戶關係的價值，在於不要讓客戶不喜歡，更在於容易做生意。**

從此，企業考慮的不再只是生產與服務成本，更在客戶交易成本的降低。像是台積電提出的「虛擬晶圓廠」概念就是如此，客戶能夠輕易地上網下訂單，觀察生產進度、計算良率與成本，讓客戶感覺到台積電的工廠就像是自己的一樣方便，無論客戶是在美國還是台灣，透過網際網路，感覺都是一樣的。如果台積電降低了客戶與自己的交易成本，客戶便不需要有自己的晶圓廠。

什麼是交易成本？這本書的作者告訴我們，就是讓客戶「毫不費力」，懂了嗎？

（本文作者為台灣科技大學管理學院專任特聘教授）

前言

別以為取悅顧客就有用

你聽過長頸鹿玩偶喬許的故事嗎？

喬許的主人是一名小男孩，他跟著家人一起到佛羅里達州艾米利亞島旅遊，住在當地的麗池卡登飯店，退房時忘了把玩偶帶走。可想而知，喬許的主人發現玩偶不見時一定開始吵鬧，小男孩的爸媽當然想盡辦法安撫小男孩。他們跟兒子說：「喬許沒有『不見』，只是留下來多玩幾天。」他們用這種招術，先哄兒子趕快睡覺。

結果，小男孩的爸媽講得一點也不誇張，你瞧，喬許真的受到很好的照顧。

麗池卡登飯店的客房清潔人員發現喬許時，趕緊把喬許交給飯店的失物招領小組，小組人員馬上打電話給這家人，告訴他們在飯店洗衣房找到喬許，想說這家人可能想把喬許找回來。可想而知，小男孩的爸媽聽到兒子最寵愛的玩偶受到很好的對待，當然欣喜若狂。

不過，除了跟大多數飯店一樣把失物寄還給主人外，麗池卡登飯店的失物招領小組還做了更貼心的服務。

失物招領主管指示這個團隊把喬許在飯店續住的情況記錄下來，設計一本精美寫真集，拍下喬許這隻長頸鹿玩偶在泳池躺著做日光浴、用小黃瓜敷眼睛接受按摩，在海灘上放鬆休息，跟其他填充玩偶交朋友，搭乘高爾夫球車打十八洞時的照片。而且，麗池卡登飯店把喬許跟這本寫真集寄回給這家人時，還在箱子裡放滿贈品。

這個溫馨的故事充分表現出獲得特別服務、也就是那種讓人愉悅的服務時，究竟是怎麼一回事。但是，企業人士都知道，這個故事其實跟建立顧客終生忠誠有關。

企業人士知道，在事情出差錯、有問題出現，顧客需要企業幫忙解決時，就是企業能否取悅顧客的最真實考驗。顧客服務是顧客體驗的嚴酷考驗，因為企業對外做出的所有聲明、聲稱要達成的使命和價值觀，都在這個時候備受考驗。而且，長久以來企業界深信，當顧客急需幫忙，企業又能提供「遠超過顧客期望」的服務體驗時，就能有效建立良好的顧客關係，讓顧客對企業死心塌地，讓競爭對手急到跳腳。

因此，當這種讓顧客欣喜若狂的罕見時刻發生時，企業主管都會歡欣鼓舞，也會在客服中心牆上貼滿顧客寄來的謝卡和謝函（這面牆通常被稱為「名人牆」）。企業會在年度員工大會上，表揚特別用心服務顧客的員工。這些為顧客無私服務的故事，就成為員工茶餘飯後的話題，也成為企業要求員工盡力做到的新標準。另外，企業還花費數百萬美元進行訓練並聘請顧問診斷，協助第一線員工更有效率、持續為顧客提供這種「驚喜時刻」。

像長頸鹿玩偶喬許這類故事，讓從事服務的資深主管好好反省。全球各地的企業主管頭一次聽到喬許這個故事時，可能馬上都皺起眉頭，以驚訝的語氣大聲說：「我們要怎麼做才能提供顧客那種體驗？我要怎樣讓我的下屬，提供那種遠超過顧客期望的服務？為什麼我們公司不能以那種取悅顧客的服務聞名？」

我們沒有問問自己，我們該不該取悅顧客，而是問自己我們如何取悅顧客。我們打從心裡覺得，用這種方式服務顧客再好不過。

只是，這樣做有一個問題。

雖然以遠超過顧客期望的服務取悅顧客，這樣做應該是對的，而且憑直覺判斷這樣做也很有道理；但事實上，對每家公司來說，喬許這個故事其實是一個很好的例子，讓公司知道本身不該以這種標準做為服務策略的基礎。

雖然數十年來，大多數企業投入時間、精力和資源努力追求為顧客創造和複製愉悅的體驗，但諷刺的是，他們疏忽掉顧客真正想要的其實是——更貼切、更容易達成、可複製又負擔得起的目標。換句話說，這種目標老早就擺在企業主管的眼前，顧客想要的是毫不費力的體驗，顧客希望服務得來全不費工夫。這本書就是為了協助企業打造這種體驗而寫的執行指南。

第一章
顧客忠誠度的新戰場

我們不知道你究竟做哪一行，顧客體驗管理這個主題涵蓋面廣也包羅萬象，這本書是專門為客服從業人員寫的，不管是客服主管、行銷人員、客服中心主任、網站設計人員、顧客、小生意人、甚至是企業執行長，都能從這本書找到破除傳統客服迷思的精闢見解。

雖然我們不知道你做哪一行，但是我們知道你平常做些什麼。你跟大家一樣，都是顧客。你上超市買東西，帶小狗看獸醫，有錢有閒時就度個假。你挑選要用哪家有線電視業者的服務，決定去哪家修車廠更換機油，把襯衫送去哪間洗衣店清洗。你在一週內要做出幾十個、甚至幾百個決定，決定要選購什麼產品和服務，要跟哪些商家惠顧。這些決定當中，有些決定像看電視轉台或加油時那樣不必花什麼腦筋，有些決定卻重要性高也更花時間，比方說：買新車或筆電，或是為房屋整修挑選承包商。

所以，現在請你把自己當成顧客，用顧客的立場去思考下面這兩個問題：第一個問題是，在你惠顧的企業中，有哪些是因為對方提供超乎你期望的服務，而特別向其惠顧？第二個問題是：有哪些是因為對方提供的服務不如預期，而不再向其惠顧？

我們敢打賭，你一定發現第二個問題比較容易回答。你因為對方提供「超乎期望」的絕佳服務，讓你特地跟對方惠顧，這種商家你或許能想出一、兩家，比方說：某家餐廳或度假村，但是這種商家少之又少。不過另一個問題要你指出因為服務太差而不再惠顧的商家，回答起來可就容易得多，不是嗎？搞不好你可以列出一長串的名單，寫上因為服務太差而不想再惠顧的商家，例如：有線電視業者無法做到全天候服務，害你必須特別請假一天等業者派人來接線；乾洗店把你最喜歡的西裝洗壞時，卻拒絕做出賠償；航空公司把你的行李搞丟了，害你盼望已久的假期大為掃興；沒完工就落跑不見人影的承包商；以及打五通電話才能解決你問題的銀行。

為什麼那樣？為什麼商家服務差，顧客很快就會讓商家有苦頭吃；然而，商家服務好，顧客未必迅速打賞？

這就是本書要為大家解開的重要謎團。

努力用優異的服務留住顧客合乎效益嗎？

從許多方面來看，許多資深主管都把顧客服務當成讓企業在市場中獨樹一格的大好機會，這一點並不令人意外。

在二十一世紀做生意，把產品和品牌承諾商品化是無可避免的殘酷事實。從上市到讓市場所有人都接受的巔峰期所需的時間，已經壓縮到幾近為零。當你具備某樣自以為能讓自己與眾不同的東西時，競爭對手也推出類似產品或服務，或是做出類似的聲明。顧客無法分辨他們惠顧的商家有何不同，這也沒什麼好奇怪的。根據我們公司（CEB）最近做的一項調查，在所有企業品牌中，顧客認為**真正**有差別的品牌只占二〇％（見圖1.1）。其他八〇％的品牌看起來都差不多，很難分清楚誰是誰。

在這種情況下，許多企業根本沒有什麼機會利用產品或品牌創造差異，於是就把心思放在**顧客服務**上。企業不僅注重日常服務的遞送，通常還特別重視透過電話或網路進行的**問題解決體驗**，好讓企業在難分軒輊的世界裡創造差異。翻閱為顧客服務或客服中心業者撰寫的同業雜誌就知道，這些傢伙顯然消息靈通。有一本雜誌聲稱「現在，顧客忠誠度主要取決於企業跟其顧客的互動。」[1]「另一本雜誌宣布「顧客忠誠度是一種持續進行的關係，出色的顧客支援當然是關鍵所在。」[2]

圖1.1　顧客對於企業獨特性的看法

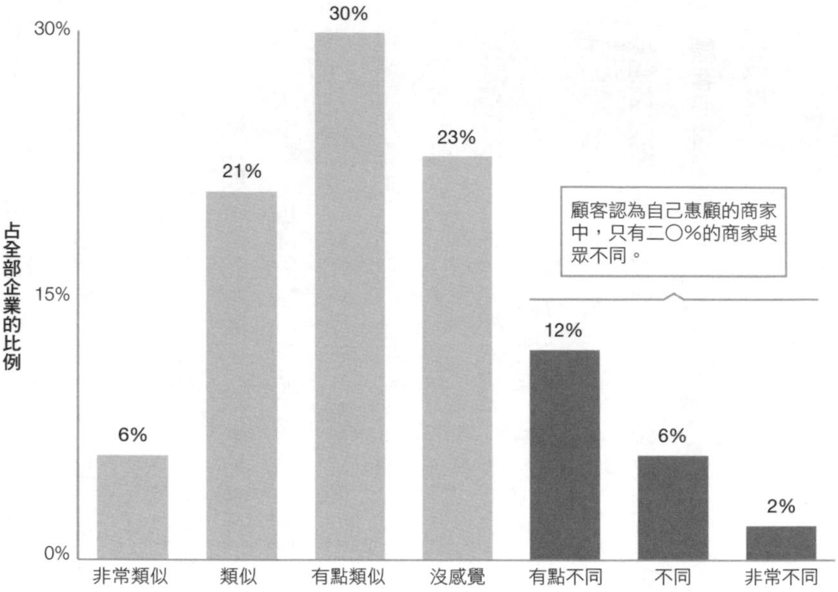

樣本數：1,600名顧客
資料來源：CEB公司（2013年）

但是，這種策略真的合理嗎？企業應該藉由提供優異的服務，設法創造差異並建立顧客忠誠度嗎？

在我們回答這個問題以前，要先告訴大家我們對「忠誠度」（loyalty）所做的定義。基於這本書的宗旨，尤其是我們在本章討論所用的資料，我們盡可能從這三個特定行為的觀點，為忠誠度做出最廣義的定義：**續購**（顧客繼續跟貴公司惠顧）、**荷包占有率**（顧客跟貴公司愈買愈多）、以及**推薦**（顧客跟親朋好友、同事、甚至陌生人說貴公司的好話）。

如你所見，我們並沒有把忠

誠度局限在「留住」顧客或「綁住」顧客，也沒有認為顧客不能跟對手惠顧。換句話說，顧客不是因為**不得不**、而是因為自己**想要**，才繼續跟你惠顧。而且，顧客不會跟你保持距離，他們會跟你愈買愈多，還會跟大家稱讚貴公司是值得惠顧的好商家。那才是**真正的**忠誠。

這個概念在企業對消費者、企業對企業的商業環境中都適用。不過，在企業對企業的商業環境中，爭取到顧客的挑戰性當然更高，因為這時賣家必須達成雙重目標，不只要讓企業顧客滿意（例如：簽署合約的決定者），也要讓最終使用者滿意（例如：產品或服務的使用者）。我們即將跟大家說的研究發現，不管顧客是消費者或是企業都一樣適用，不過本書所列的資料和建議，針對顧客類型不同而有重大差異時，我們會特別標註說明。

客服主管們關切的重大問題

過去這幾年，我們跟全球各行各業的客服主管們進行幾百次的會談後發現，針對顧客忠誠度這個主題的討論，可以總結成下面這三個重大問題：

1. **顧客服務對提升顧客忠誠度的影響程度有多大？**大家似乎都認為，顧客服務在提升顧客忠誠度這方面，扮演相當重要的角色，但事實真是如此嗎？

2. **顧客服務對提升顧客忠誠度有哪些影響？**大多數企業努力打造某種形式的「卓越服務」——試圖跟顧客建立更好的關係，以為這樣就能讓顧客對企業更加忠誠。但是，客服主管會跟你說，要持續提供這種卓越服務，根本難如登天。

3. **要怎樣做才能一邊降低營運成本，一邊善用顧客服務提升顧客忠誠度？**在當今這個講究「以少做多」的環境裡，聽起來不錯、卻動輒數百萬美元的構想，企業高層根本不可能點頭批核准。就算你的構想有憑有據，講到新的支出項目，一般公司還是相當保守。畢竟，大家都想盡辦法精打細算，要把有限的預算做最好的分配。

本書方法論摘要

為了回答上述這些迫切需要解決的問題，我們建構一個計量研究模型。我們想直接從顧客那裡得知，企業在跟顧客服務和互動時，究竟有哪些要素對顧客忠誠度的影響最大，會讓顧客對企業更死心塌地或導致顧客流失。

我們以對顧客服務的全面調查，做為這個研究的核心。我們公司（CEB）管理「顧客服務領導會議」（Customer Contact Leadership Council）這個全球最大的顧客服務組織網路，在全球各地有超過四百家的企業會員。這些企業讓我們擁有空前的優勢，可以直接跟顧客接觸進行這項研究。

在最初的調查中，我們針對最近透過網站或致電客服中心取得服務互動、並且清楚記得互動細節的九萬七千多名顧客進行調查，請他們針對最近的服務互動回答一系列的問題，包括：他們跟企業接洽時究竟發生什麼事？這次互動真得有把他們的問題解決掉嗎？我們提出的這些問題大致可以分成三個類別：（一）跟所接洽客服人員之服務體驗有關的問題；（二）跟顧客耗費的心力、執行步驟次數，也就是跟顧客必須為這次服務互動投入多少心力（我們戲稱為「顧客費力程度」）有關的問題；（三）跟企業提供顧客愉悅體驗之能力有關的問題。接下來，我們就逐一簡介這三個類別。

部分測試變數清單

跟客服人員互動時的體驗

- 客服人員的自信
- 客服人員對顧客的了解
- 客服人員的傾聽能力
- 服務個人化
- 客服人員具備解決顧客問題的知識
- 客服人員表達關切
- 客服人員了解顧客的想法
- 客服人員的語氣
- 客服人員訂定的期望
- 堅持要把顧客的問題解決掉

顧客費力程度

- 轉換客服人員的次數
- 顧客要一再重述資訊
- 一次就把問題解決掉
- 經過幾次接洽才把問題解決掉
- 顧客察覺到解決問題需要額外費力
- 接洽服務的容易程度
- 轉換客服管道
- 總共花多少時間才把問題解決掉

「驚喜」時刻

- 提供「遠超過顧客期望」服務的意願
- 善用跟顧客有關的知識
- 超越顧客期望
- 教導顧客
- 提供替代方案
- 顧客感受到替代方式的價值

首先，以跟客服人員的互動來說，我們要了解客服人員如何處理顧客的問題，比方說我們請顧客評估客服人員有沒有自信？是不是一位好的傾聽者？有沒有具備處理顧客問題所需的知識？是否清楚了解顧客的問題？是否表現出負責解決的態度，還是把問題丟給別人？

其次，從顧客費力程度這個觀點來看，我們會問顧客是否必須一再跟企業接洽才能讓問題獲得解決，是否會被轉給另一個部門或另一位客服處理問題，是否需要一再重述個人資訊與問題，是否覺得要讓自己的問題得到解決實在很難，是否在某個時間點必須轉換其他客服管道（例如：剛開始是透過網站接洽，後來必須致電客服中心），以及總共花了多少時間才把問題解決掉等諸如此類的事。

最後，我們還想知道企業是否費心做些自以為能討顧客歡心的「小事情」。企業是否竭盡所能解決顧客的問題？有沒有展現出對顧客及先前往來記錄的深入了解？有沒有教導顧客關於本身產品或服務的一些新知？另外，大致說來，企業協助顧客解決問題這整個過程的服務，是否表現的比顧客預期的更好？

除了這些以體驗為主的問題外，我們還會詢問其他資訊，提供後續分析控制變數使用。這些資訊包括：年齡、性別、收入、所欲解決的問題類型（簡單或複雜、跟服務或銷售有關）、性格類別、在與客服接洽前的心情。我們也收集有關額外控制變數的資料，包括：顧客認為日後不再跟企業往來的轉換成本，受企業廣告的影響程度，對產品品質、價格與價值的認知。

從企業的觀點來看，我們收集資料的對象包括：單純提供服務，以及提供服務與銷售的服務企業。而且不管是內部自行負責服務作業或把作業外包到國內、外的服務企業都包括在內。我們也盡可能納入各地域市場，各大行業的大企業和小公司之客服人員，做為分析的樣本。

藉由控制這些變數，就算不同類型的企業有差異存在，我們還是可以從顧客服務中，將忠誠度這項要素獨立出來。這樣一來，我們發現的結果就真的可以代表普世皆然的事實，是所有企業都必須知道重要真相。

在這項調查結束時，我們會請顧客評量本身對服務體驗的滿意度，並基於先前詢問的服務互動等問題，評量自己對該服務企業的忠誠度，特別是跟該企業續購、增加購買量及向他人推薦該企業的可能性。

上面這些調查類別只是簡單說明我們的研究架構。我們當然可以採用不同方式做區分，但最重要的是，這是針對顧客服務體驗進行的一項全面調查，不僅收集顧客資料（顧客是誰及想要什麼協助），也收錄顧客在解決問題時經歷的事，以及他們對整個體驗有何感受。從服務的觀點來看，這項調查讓我們可以全面了解，在我們測試的變數中，究竟哪一個變數最能影響個別顧客對服務提供企業的忠誠度。換句話說，在服務互動的過程中，那些可能影響顧客對企業忠誠的所有事項中，究竟哪些事項真的對顧客忠誠度有影響？

在我們揭曉謎底並說明其中關聯前，要先做一個重大聲明：我們刻意把這項調查局限在服務互動及其對顧客忠誠度的影響。顯然，顧客忠誠度是顧客跟企業進行所有互動的產物，也就是跟企業的品牌與商譽，親友對企業及其產品價值與品質、以及對其顧客服務的認知。這樣我們就能鉅細靡遺地了解，每項服務互動對整體顧客忠誠度會產生什麼影響，也讓我們明白企業領導人可以採取哪些行動，善用服務互動，讓顧客忠誠度大幅提升。

在這個研究調查中，我們總共收集了幾百萬筆資料，經過後續歸納分析，摘要為四個看似簡單卻意義深遠的發現。

長久以來企業對顧客忠誠度的看法

在我們公佈調查結果之前，先讓大家停下來好好想想，長久以來企業對顧客忠誠度的看法。我們請全球各地成千上百家企業，說明自己運用顧客服務創造顧客忠誠度的策略，到目前為止得到的答案大多是這樣：大多數企業設法提供超過顧客期望的服務水準，好讓顧客大為滿意。

企業堅信只要能讓顧客滿意，顧客就會對企業死心塌地，而且認同這種看法的企業占所有企業的八三%，不認同這種看法的企業占一二%，另外五%的企業表示不確定。這一點並不令人意外，在我們調查的企業中，就有八九%的企業表示，他們更加重視努力超越顧客的期望，不然就是繼續往這個方向努力。某家消費電子用品公司的客服副總裁就跟我們說：「我們最大的成長機

圖1.2　企業認為顧客服務對忠誠度的影響

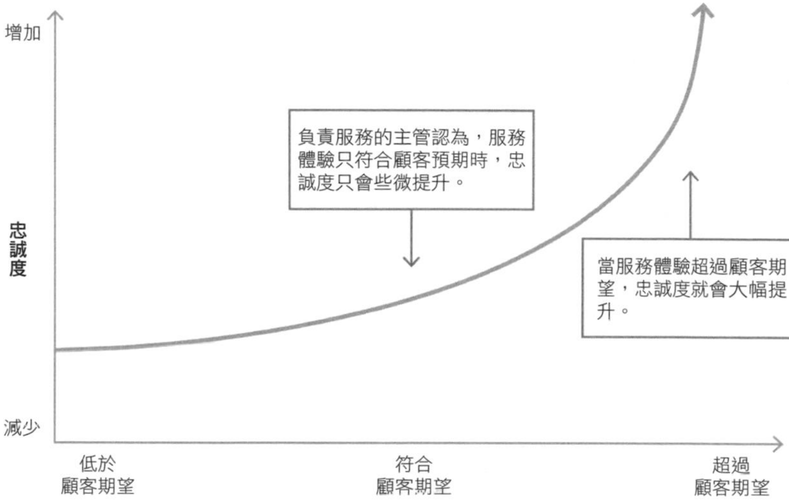
增加
忠誠度
減少
負責服務的主管認為，服務體驗只符合顧客預期時，忠誠度只會些微提升。
當服務體驗超過顧客期望，忠誠度就會大幅提升。
低於顧客期望
符合顧客期望
超過顧客期望

資料來源：CEB公司（2013年）

會就來自取悅顧客。如果我們沒有取悅顧客，就沒有善盡職責。」

企業告訴我們，他們設法這樣做，不只因為這樣能讓他們安心，也因為他們堅信提供超越顧客期望的服務，就能獲得可觀的利潤。

如果有人打算以圖解方式說明長久以來企業對顧客忠誠度的這種看法，那麼圖形就會像圖1.2這樣。服務主管認為，顧客要是覺得服務體驗只符合期望，忠誠度就只有些微提升；但顧客要是覺得服務體驗**超過期望**，忠誠度就會大幅提升。於是，提供超過顧客期望的服務能讓企業因為顧客忠誠度大增而獲利，這種信念就在世界各地的企業裡生根發芽。

換句話說，大家都認為一旦服務**低於**

圖1.3　顧客服務對忠誠度的影響：認知與事實的對照

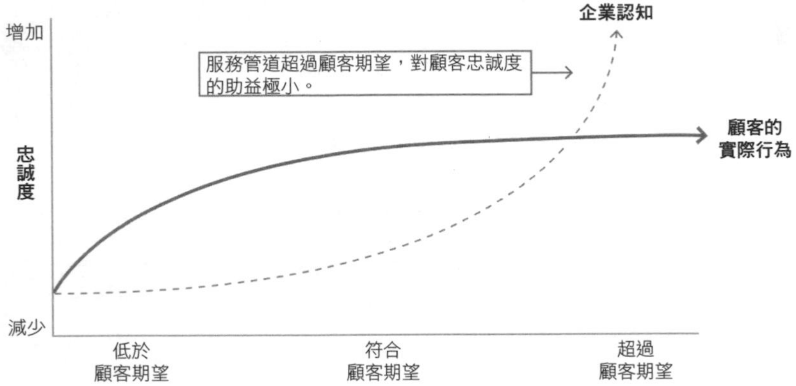

樣本數：97,176名顧客
資料來源：CEB公司（2013年）

顧客期望，忠誠度就會低於標準。但是，當顧客滿意度有所改善達到符合顧客期望，進而**超過**顧客期望，忠誠度自然就會呈指數成長。

發現1：取悅策略不划算

雖然服務主管顯然深信，超過期望的服務體驗是創造顧客忠誠度的一大利器，但是調查資料告訴我們，事實並非如此。我們分析九萬七千多名顧客給予的回應時發現，服務超過預期跟服務只符合預期，這兩組顧客的忠誠度**根本沒有任何差別**（見圖1.3）。事實上，顧客忠誠度並沒有在服務達到預期後，出現大幅提升的「曲棍球棒效應」（hockey stick effect），反而是呈現平緩的曲線。

我們從這項發現可以得知兩大重點，第一個重點是，企業通常會**低估**服務只符合顧客期望的好處。在顧客期望被過度誇大且看似會持續誇大的世界裡，我們發現其實企業只要兌現承諾，做到應有的服務，顧客就會很開心。就算出問題，只要能迅速輕鬆地解決問題，這種剛剛好的服務就能讓顧客滿意。這項發現實在太驚人了，而且跟同業雜誌的報導或自稱顧客體驗大師的看法正好相反。

想想看這項發現對客服中心、其他服務組織、甚至是對整個企業的管理來說，代表什麼意義。一旦你持續符合大多數顧客的期望，你就已經把自己能做又具有經濟價值的大多數事情都做完了。

第二個重點是，企業通常會大大高估服務超過顧客期望所創造的忠誠度。如果企業的目標是要增加忠誠度，為了持續讓服務超過顧客預期而額外投入更多的資源、精力或預算，結果財務報酬卻一點也不成比例。這兩大重點中，這項重點顯然讓服務主管跌破眼鏡，也跟一般認知大相逕庭。為什麼服務超過預期，也就是那種讓顧客「驚喜」的服務，並沒有讓顧客對企業更加忠誠呢？這個見解本身看似不合理，但是當我們分析顧客服務互動的超大規模樣本時，就發現這樣的結果。

每家公司都會流傳一些傳奇故事，講述某些客服人員提供顧客超過期望的卓越服務，讓顧客留下深刻印象，還特別寫信跟執行長道謝，這些謝函就會張貼在客服中心的休息室。美國某家大型銀行的客服資深副總裁就告訴我們一個故事，故事提到一名客服人員為了確保顧客簽妥結案所需的貸款文件，在掛下顧客的電話後，還特別花幾個小時的時間把一切處理妥當。這名客服人員先找一位公證人簽署文件，接著就開車把貸款文件送到離顧客最近的分行，這樣顧客就能儘快簽妥文件。這位資深副總裁在全體員工定期會議時經常講起這個故事，講到每位客服人員幾乎都能倒背如流。

但是，這些故事雖然感染力強又極具說服力，要是企業回頭檢查一下獲得這種驚喜服務的顧客，在之後一、二年是否有跟企業惠顧**更多**，結果會怎樣？因為根據我們的調查資料顯示，整體來說，認為服務體驗從「低於預期」提升到「符合預期」的這批顧客，他們提供給企業的經濟價值，其實跟認為服務體驗「超過預期」的那批顧客是**一樣的**。

調查資料告訴我們，從顧客的觀點來看，一旦事情出差錯，顧客只是著急地想著：**趕快幫我解決問題**。不必給我驚喜，只要趕快幫我解決問題，讓我能趕緊做我原來做的事。在頌揚取悅顧客及服務超過期望的企業中任職多年的服務主管，一定會被這個想法嚇到猛然驚醒。

我們拿這些資料跟資深主管簡報時，通常得到的立即回應就跟聽到什麼難過的事，會出現悲傷五階段那樣。首先，他們會否認，但到最後，他們會接受。想想看，持續取悅正為問題傷腦筋的顧客，要付出什麼代價？以實務來說，這表示電話要講更久、問題要再往上呈報，至於那些花錢的贈品、退款和破例處理就更別提了。事實上，接受我們調查的資深主管中有高達八成的比例表示，對他們的企業來說，服務超過顧客期望這個策略意謂著營運成本會大幅增加，至於營運成本增加的幅度則因不同企業而異，幅度大約在一〇%到二〇%以上。簡單講就是，取悅顧客就要花大錢。

而且，取悅顧客也是很罕見的事。根據我們調查的顧客表示，超過期望的服務只占一六％。換句話說，在大多數時間內，顧客獲得的服務都沒有超過期望（比例高達八四％，而且常見的情況是，服務甚至沒有符合顧客的期望）。取悅顧客是很難持續達成的目標，況且我們通常無法實現這種目標。正因為這種事情如此特殊，才會讓顧客難以忘懷。

然而，我們的調查結果顯示，基本競爭能力、專業服務、把根本事項做對……這些才是真正重要的事，而且這些事的重要程度可能遠超過我們原本的認知。

或許你心想：「好吧，但是我們公司的品牌全以取悅顧客的能力為賭注，我們的整體策略就是跟顧客打包票，要提供超過顧客期望的服務。」我們跟企業簡報這項研究時，常會聽到對這種反駁之詞。這時我們會反問他們，是否真的能對外聲明一項「取悅」策略。就拿以下的問題為例，貴公司能肯定回答「是」的問題有多少：

- 客服主管會向執行長或財務長要求額外經費，資助本身透過服務管道取悅顧客的能力嗎？
- 貴公司會授權第一線人員不計代價，什麼事都肯做，盡可能提供超過顧客期望的服務嗎？
- 如果貴公司的產品或服務沒有符合顧客的期望，貴公司會讓顧客選擇任何替代品或替代方案，就算顧客的產品已過保固期，替代方案的費用甚至遠超過原產品的價值，也照做不誤嗎？

- 貴公司是否撤掉第一線人員的績效計分卡（例如：通話時間、也就是所謂的處理時間），好讓他們能全神貫注，盡可能取悅顧客及提供最高品質的體驗？

我們相信一定有某些公司能通過上述這麼高的標準（例如：在本書推薦序和前言提到的麗池卡登連鎖飯店，據說就連門房都經過授權，可動用經費協助顧客解決問題）。但是我們再三發現，大多數聲稱本身採用取悅策略的企業，都沒有通過上述這種反複詢問。而且事實上，大家不免好奇，市面上以「取悅顧客」著稱的品牌，是否真的提供超過顧客期望的產品服務，或者他們只是符合自己多年來訂定的超高期望？當你入住Motel 6汽車旅館時，你會期望什麼？你期望的是價格便宜、房間乾淨、還有一些可接受的基本服務，你可不會期望自己在那裡能獲得麗池卡登飯店那種周到的服務。不過，這樣就很好了，畢竟期望跟價格是相對的。

我們花了很多時間探討顧客滿意度和忠誠度出現這種疏離關係的潛在原因。為什麼不管顧客對服務互動做何期望，當服務*超過*顧客期望時，卻無法讓忠誠度相對提高？我們對資料進行一些更深入的分析後，得到第二個重大發現。

發現2：滿意度無法預測忠誠度

對於研究行銷和顧客體驗等眾多相關研究的學子來說，佛雷德・瑞克赫爾德（Fred Reichheld）的淨推薦值（Net Promoter Score），這項突破性研究最為人所知。雖然我們的第二個發現或許並不令人意外，但是企業資深主管卻仍然搞不清楚，滿意度跟忠誠度之間的真正關係。而我們針對顧客服務互動進行的研究調查證實，資深主管的認知跟事實簡直有天壤之別。

我們在進行全球調查時發現，顧客在滿意度調查時對企業做的評比，跟日後顧客對企業的忠誠度，兩者之間根本沒有出現統計關係（見圖1.4）。更確切地說，我們發現兩者間的R平方值是○・一三。（在此為不懂統計的讀者說明一下，R平方值為零，表示一點關係也沒有，R平方值為一・○，表示兩者完全相關。）

藉由比較，研究人員告訴我們，「學業成績好」和「日後事業成功」之間的相互關係是○・七一。但是我們透過調查發現，滿意度跟忠誠度，這兩個長久以來讓許多企業主管以為強烈相關的項目，至多只是關係薄弱，企業主管卻一直堅信滿意度其實能創造忠誠。

事實怎麼可能是那樣呢？

我們深入分析資料後發現，對服務互動感到滿意的顧客中，有二○％的顧客同時表示他們其實打算不再跟該企業惠顧，要找其他商家惠顧。這個發現實在太嚇人了。這些顧客說自己對服務

圖1.4 顧客滿意度跟忠誠度之對照關係

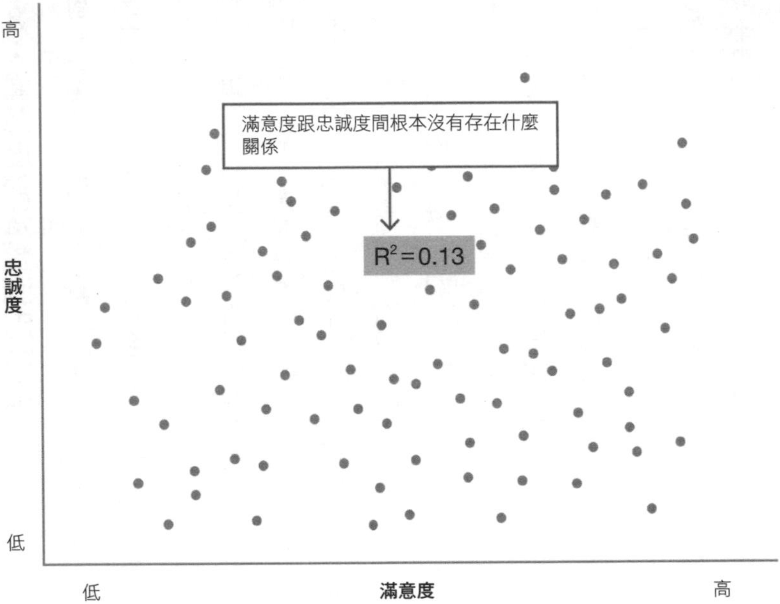

樣本數：97,176名顧客
資料來源：CEB公司（2013年）

感到滿意，可是那並不表示他們會對企業死心塌地。不過，同樣讓人摸不著頭緒的是，對服務感到不滿意的顧客中，有二八％的顧客告訴我們，他們還是打算對企業保持忠誠。

對企業主管來說，後者當然讓他們放心許多，只不過令人憂心的是，許多公司仍舊把顧客滿意度（customer satisfaction，簡稱為CSAT）分數，做為預測顧客服務成功的指標。遺憾的是，調查資料告訴我們，顧客滿意度分數高並不是預測顧客就會忠誠的可靠指標。換句話說，我們無法用顧客滿意度，預測顧客是否續購、是否續購更多並向親朋好友大力推薦。現在，我們並不是說企業不該希望顧客感到滿意，只是當我們詢問顧客「你對剛獲得的服務有多麼滿意？」時，他們的答案並未強烈暗示本身後續對企業的忠誠行為。而且，滿意度跟忠誠度根本不能劃上等號，兩者甚至沒有很密切的相互關係。

我們公司的一位企業會員就說：「我們的顧客滿意度分數為八·二（最低分是一分，最高分是十分）。為了讓顧客滿意度分數提高到八·六或八·八，我們可能要花好幾百萬美元，但是這筆錢可以賺得回來嗎？我可不這麼認為。我們公司的顧客滿意度分數已經很高，所有競爭對手也都在這個水準，所以我們必須想想別的辦法，設法讓自己獨樹一格。」

顧客滿意度分數是企業認為理所當然的評量標準之一，我們並不是說評量顧客滿意度不好，只是這項分數根本不像產業長久以來所認知的那樣，可以預測顧客往後的忠誠度。而且，不是只有我們發現這一點，其他研究人員也已經證實此事。瑞克赫爾德在其著作《活廣告計分法》（*The Ultimate Question*）中提到，在調查中表示上次的服務讓他們感到滿意或非常滿意的顧客中，最後竟然有六成到八成的比例改跟其他商家惠顧。[3]某家電信公司顧客長就跟我們說，顧客滿意度分數讓他深感受挫，他說：「我根本不知道顧客滿意度分數究竟代表什麼，我不明白為什麼要分析這項分數。這種事就給別人去做，讓他們努力為顧客滿意度分數找到合理的解釋。」

某家金融服務公司的營運主管跟我們講起他最喜歡的牛排晚餐，這個比喻剛好協助我們將滿意度和忠誠度加以區別。他跟我們解釋：「我住的那個小鎮只有一間牛排館，那裡的牛排美味可口，後來另一家餐廳開幕了，我當然會去吃吃看。所以，我對本來那間牛排館滿意嗎？當然滿意。忠誠嗎？一點也不。」

所以到目前為止，我們知道取悅策略不划算，也知道對服務感到滿意的顧客未必會保持忠誠。但是，我們還發現另外一個壞消息。

發現3：顧客服務互動通常會導致顧客流失，而不是讓顧客更加忠誠

客服界的殘酷事實是，我們做的事通常弊多於利。確切地說，根據我們的研究，任何顧客服務互動導致顧客流失的可能性，是創造顧客忠誠度的四倍（見圖1.5）。

從某些方面來說，這個發現實在讓人憤憤不平。畢竟，客服團隊通常是在顧客遇到問題時才接到來電。所以，服務工作就是讓顧客回到中立狀態，回到問題發生前那個狀態。而且，那就是優良的顧客服務。同前所述，大多數企業通常甚至沒有達到顧客的期望，因此大多數顧客最後會比致電企業前，對企業更加不滿。客服作業通常會讓事情變得更糟，在某些情況下還會讓情況惡化許多。

調查資料也告訴我們，後果悽慘無比，因為對企業服務感到不滿的那些顧客，更可能對企業做出負面評價，影響其他潛在顧客，這正是「好事不出門，壞事傳千里」的寫照。

圖1.5 顧客服務對顧客忠誠度的影響

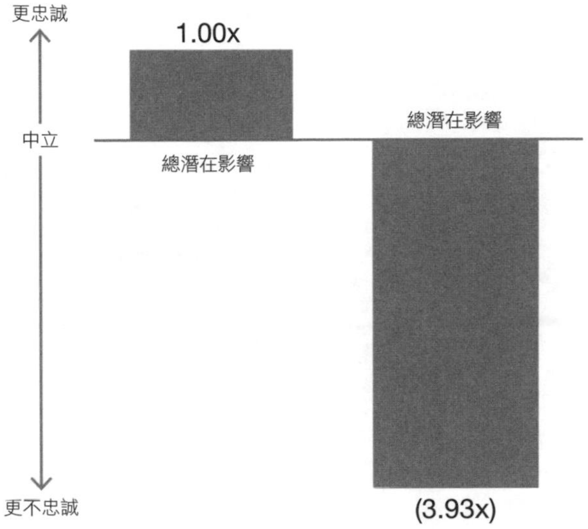

樣本數：97,176名顧客
資料來源：CEB公司（2013）

所以，要徹底了解顧客忠誠度，就要好好思考這個問題：哪些類型的體驗對顧客忠誠度的影響最大（包括：最有利的影響**以及**最不利的影響）？我們不是只了解顧客在滿意度調查中如何給分，也要了解哪些體驗足以讓顧客想把**親身體驗告訴所有認識的人**？

我們在調查資料中發現的事，真的讓人吃驚。

接下來，我們就從顧客對產品的體驗開始講起。我們發現對產品體驗給予正面評價的顧客中，有七一％的顧客會幫產品說好話；但是在對產品體驗給予負面評價的顧客中，只有三二％的顧客會跟別人提到這件事（見圖1.6）。現在，我們把產品體驗跟客服體驗做對

圖1.6　不同體驗類型的顧客口碑

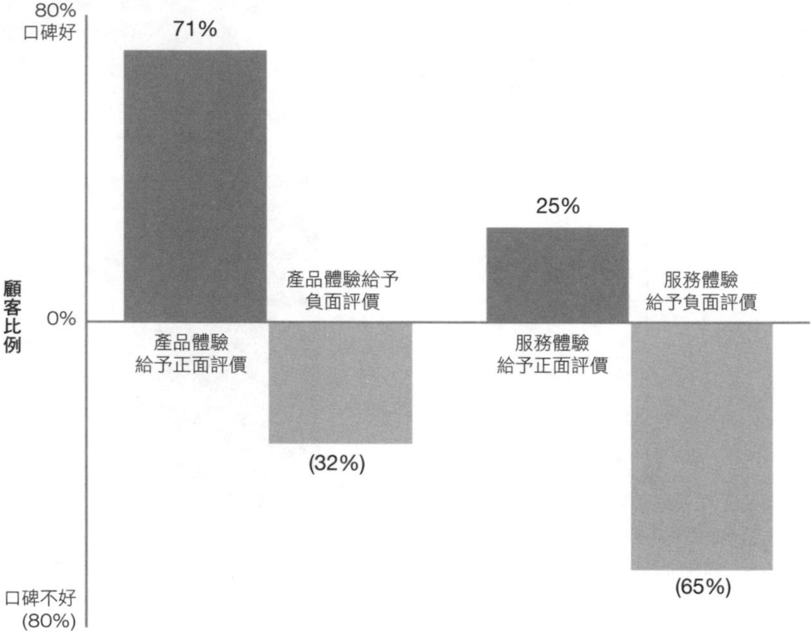

樣本數：97,176名顧客
資料來源：CEB公司（2013）

照。客服體驗不佳，更可能讓人把親身體驗告訴別人。覺得客服體驗很棒的顧客，只有二五%的比例會跟別人談論此事，但是覺得客服體驗不佳的顧客，卻有高達六五%的比例會跟別人談論自己的遭遇。調查資料明白地告訴我們，顧客根本很少提及不錯的服務體驗。講到顧客服務這件事，大多數人口耳相傳的都是哪家公司的服務很爛這類負面評價。

這樣講聽起來好像很不公平，可是當你好好想想人們基於什麼動機這樣做，你就知道這樣講其實很有道理。想想看，人們基於什麼動機，對公司做出任何評價？

當人們對產品體驗給予正面評價時，通常會以類似這種推薦方式口耳相傳：「我一定要告訴你，我買的這個新玩意實在很酷。」不然就是「我找到一家很棒的新餐廳（飯店）」，或「我發現一家好棒的公司！」我們相信一定可以運用心理學來解釋人們的這種行為。當我們發現某樣很棒的東西，我們想告訴別人，藉此突顯自己很聰明。舉例來說，我推薦你一家新餐廳，你聽了我的建議後真的去那家餐廳用餐，後來你可能會為此事感謝我。我當然很開心地居功。其實，不是我煮了一頓美食請你吃，但是你在那家餐廳享用美食的體驗，還是要歸功於我的推薦。

從另一個方面來說，講到顧客服務，人們更可能跟別人提起自己遭遇的惡劣服務體驗。以心理層面來說，人們向別人傾吐自己遇到差勁的服務互動時，主要是想取得別人的同情。「我是受害者……我沒受到尊重……我是聰明人，但是客服人員卻把我當白痴！」親朋好友聽你這樣說馬上會安慰你：「太可怕了，你竟然經歷這麼惡劣的體驗，你應該得到更好的對待！你好可憐！」

事實上，我們共事過的一名客服副總裁告訴我們，最近他出差時在飯店電梯裡遇到一個傢伙，這個人他根本不認識，卻開始滔滔不絕地講起那家飯店的餐廳服務有多爛，強烈建議他去其他地方用餐，還說客人聯手抗議不去餐廳惠顧。他跟我們說：「當時我馬上想到，我該把晚餐計畫更動一下，但接下來我就想到，自家公司目前提供的服務，有沒有做出什麼讓顧客會這樣反彈

圖1.7 不同體驗類型的顧客口碑觸達率

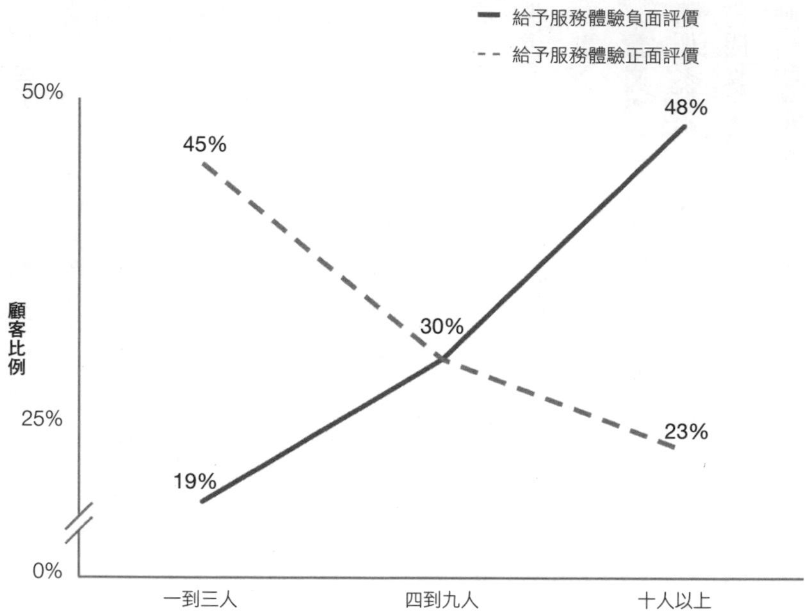

樣本數：97,176名顧客
資料來源：CEB公司（2013）

和批評的事。後來，我根本一點胃口也沒有，直接回房休息。」

當你好好想想口碑觸達率（reach），就能證實上面的說法無誤。口碑觸達率是指，我們發表意見時，有多少人收到這些意見。

我們的調查資料顯示，對企業產品或服務給予正面評價的顧客中，有四五%的人最多只跟三個人提及此事（見圖1.7）。但是相較之下，對企業產品或服務給予負面評價的顧客中，卻有四八%的人至少會跟十個人提起這些負面評價。

而且驚人的事實是，網

站和社群媒體讓顧客更容易表達自己的意見。部落格、推特（Twitter）、臉書（Facebook）、LinkedIn……都讓顧客可以擴大自己意見所及的範圍，觸及你目前成千上萬、甚至幾百萬名顧客和潛在顧客。看看各大企業的臉書頁面就知道：很多評論都跟服務不當有關，顧客覺得企業欺騙他們或無禮對待他們，所以就在企業的臉書頁面上發洩，讓世人都知道。

這樣講可沒有誇大其辭，有力證據顯示，對顧客來說，負面反應是更強有力的「變革推動者」，效力幾乎高達二倍。[4]不管是遭受無禮服務或高度「麻煩因素」（hassle factor）的體驗，因為服務體驗而受氣都會讓顧客想把自己的遭遇公諸於世。（這部分我們不久就會討論到。）

我們不禁好奇，負面產品體驗這種事究竟存不存在？其實，這根本是語義問題，我們很難透過研究證明，但是你從自己的經驗就能得到答案。如果你使用某項產品出了問題，比方說：你新車的藍芽系統出問題，或是你搭乘前往夏威夷的班機被取消了，或是你的水管漏水但保險公司不理賠，這些事情究竟是產品問題，或會變成服務問題？究竟該怪到誰頭上？

其實，你可曾停下來好好想想，我們怎樣挑選自己要惠顧的商家，怎樣決定不再跟哪些商家惠顧？在此舉一個簡單的例子做說明：我們幾乎都有自己不計代價要避開的一家航空公司，或許因為那家航空公司把我們的行李弄丟了，害我們打十通電話追查行李下落，或是因為我們明明搭乘班機，對方卻拒絕累積我們的飛行哩數。不管原因為何，對方提供糟糕透頂的服務體驗，馬上會遭到我們的報復。我們下次出差選擇搭乘哪家航空公司的班機時，會怎麼做？我們會依據哪家航空公司名聲最好來做挑選嗎？可能不會。我們會依據價格和班機時間做挑選，而且只要不是自己黑名單上「那些傢伙」就行。換句話說，我們因為產品挑選企業，但是最後我們通常會因為企業提供的服務失當，決定再也不跟企業惠顧。

雖然乍看之下，這些事情不免令人沮喪，但是仔細想想，這些資訊其實是你在重新思考客服策略時，應該用到的一些重要知識。客觀來說，顧客服務就是導致顧客流失的一大因素，而且服務過程中常會產生的負面體驗，會在公眾領域中被放大檢視。因此，顧客服務所扮演的角色顯然不是藉由取悅顧客而讓顧客更加忠誠，而是要盡量減少顧客流失。

問題是：我們究竟該怎麼做？

發現4：讓顧客省點力氣就是減少顧客流失的關鍵

我們把資料徹底解析，設法了解究竟哪些因素讓顧客服務導致顧客流失時，卻出現一個不可思議的清楚景象。而且，這個景象徹底打破企業長久以來對顧客忠誠度的認知（見圖1.8）。

我們發現，讓顧客服務導致顧客流失的那些事項，都跟顧客費力程度有很大的關係。換句話說，就是跟顧客為了解決問題所需付出的努力有關。

事實上，導致顧客流失的五大因素中，就有四個因素跟顧客必須額外付出的心力有關。一次不能解決問題，必須多跟企業聯絡幾次才能把問題解決掉，就是導致顧客流失的最大因素，

圖1.8 顧客服務創造顧客忠誠及導致顧客流失的原因

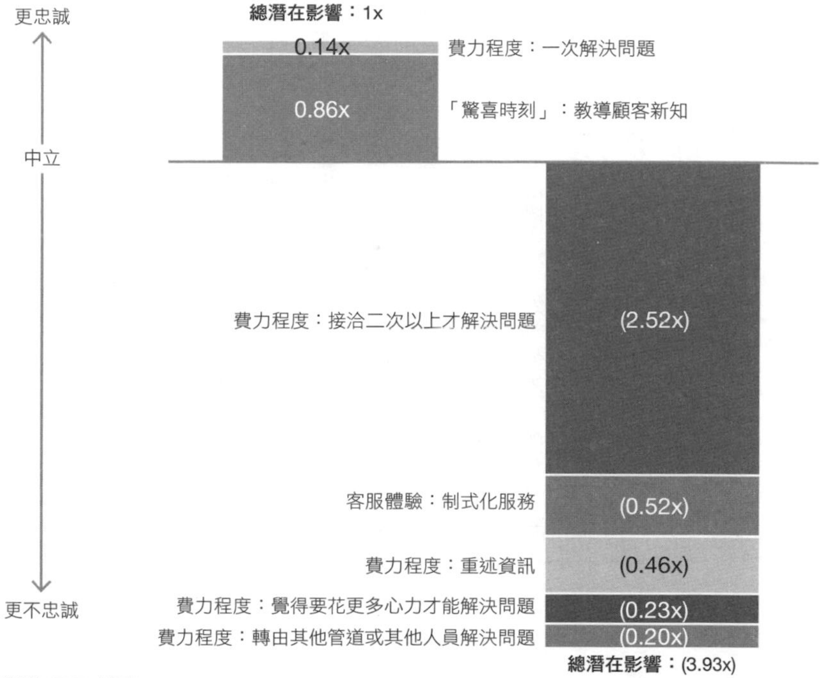

樣本數：97,176名顧客
資料來源：CEB公司（2013）

也會對忠誠度產生最不利的影響。由於這個因素的重要性這麼高，所以我們特別用一整章的篇幅，討論我們針對「一次解決」（first contact resolution, FCR）這項概念進行的一些特定研究。通常，客服企業都把這項概念當成努力追求的崇高目標。結果，我們發現一次解決，只是一個小目標，一流企業不只在意自己能否一次解決顧客的問題，也認真思考如何協助顧客避免後續問題。身為顧客請想像一下，要是客服人員**主動提出**建議，告訴你掛下電話後可能發生什麼問題，可以用什麼方式解決，讓你不必麻煩再打電話去問，你想想這是多麼貼心的服務啊。我們把這個概念簡稱為「避免後續問題」（next issue avoidance），這部分會在第三章做更詳細地說明。

導致顧客流失的第二大因素就是「制式化服務」，顧客覺得客服人員只是把他們當成數字，沒有努力提供個人化的服務。身為顧客，我們都很清楚遭遇這種對待有多麼痛苦。客服人員漠不關心地引述公司的政策，用這種漫不經心表現同理心，還照本宣科地感謝顧客的忠誠。這種做法足以讓顧客怒火中燒。

在導致顧客流失的五大因素中，只有這項因素跟顧客費力程度沒有直接關係，而跟客服代表服務不佳有關。雖然這樣說似乎跟原先討論的顧客費力主題不一致，但結果告訴我們，制式化服務本身就是導致顧客必須再三跟企業聯絡的主要原因。當顧客覺得自己沒有獲得應有的對待（例如：顧客希望客服人員能打包票會把問題解決掉，卻得到無法保證的回應，或者顧客希望客服人員有同理心，對方卻擺出「公事公辦」的架子，不然就是顧客根本不喜歡客服人員提供的解決方案），這時顧客只好再多打幾次電話跟企業接洽，希望能碰到更好的客服人員。令人訝異的是，這種情況經常發生，比例高得嚇人，這部分我們會在第三章詳述。

跟企業客服單位聯絡時必須重述資訊，也是讓顧客流失的一大主因，這一點跟顧客必須與客服單位聯絡好幾次密切相關（例如：要跟客服主管一再重述自己的問題，甚至必須把剛才用電話按鍵輸入的帳號再講一遍）。

下一個導致顧客流失的原因是——「覺得要花更多心力才能解決問題」。我們的團隊花了一整年的時間，研究如何控制顧客對費力程度的認知，我們從中得知，這項認知效果其實遠比表面所見更具影響力。結果我們發現，許多企業錯失控管顧客對服務體驗認知的大好機會。其實企業該做的是，把資源用於傳統的柔性技能（例如：待客有禮、耐心傾聽和解決問題的專業技能），而不是教導客服人員如何運用精心設計且設想周到的客服語言，引導顧客取得無法令其十分滿意的成果。換句話說，企業可以運用許多方式跟顧客溝通同一件事，但是其中有些方式會導致顧客流失，有些方式卻能減少顧客流失。頂尖客服企業正在進行一些真正具有開創性的工作，讓跟顧客接洽的第一線人員具備管控顧客認知的技能，這部分我們會在第四章詳述。

至於顧客服務導致顧客流失的最後的一個原因，就是「互踢皮球」。不管是接聽電話的客服人員後來把電話轉接到其他部門，或是想透過網路解決問題的顧客，後來因為網路服務選項有限，不得不拿起電話尋求服務（例如：改變服務管道），這些情況都把顧客轉換到其他管道尋求協助。雖然跟先前討論導致顧客流失的其他原因相比，這項原因看似微不足道，但是我們真的認為這是改變顧客服務的關鍵所在。因此，我們的團隊又再花一整年的時間研究，還進行一項全面性的量化研究，設法了解顧客對服務管道的偏好。最後，我們的研究結果成為這數十年來讓客服機構最為震驚的發現之一。現在，顧客偏好的服務管道不但由人員服務轉移到其他服務，就連顧客想要透過新的自助服務管道跟企業互動的方式，也跟大多數服務主管想的截然不同。打破這種互踢皮球的惡性循環，針對顧客真正偏好的服務管道進行投資，就是我們第二章要論述的重點。

企業最需要認清的重點是，顧客費力程度就是導致顧客流失的關鍵所在：當我們把從再三跟企業接洽到轉換服務管道這些導致顧客流失、彼此看似無關的因素一併考量，依據顧客在服務互動的「費力程度高低」，比較其對顧客忠誠度的影響就會發現，**認為服務體驗費力程度高的顧客，有高達九六%的比例表示不會再跟企業惠顧；相較之下，認為服務體驗費力程度低的顧客，只有九%的比例表示不會再跟企業惠顧。**

九十六比九！在我們進行的研究中，從沒見過如此天差地遠的驚人發現。

我們這幾年運用名為「顧客費力程度評量」（Customer Effort Assessment）的診斷工具，持續追蹤這個現象（這部分會在第六章詳述）。診斷結果顯示，從續購意願跟推薦意願這兩方面來看，服務體驗費力程度低的企業比其他企業的表現高出三一%。在透過電話管道一次解決顧客問題這個方面，這些企業也比同業表現優異二九%，在透過網站、網路聊天室和電子郵件等管道解決問題等方面，表現更是優異許多，分別是比同業高出五三%、四六%和六七%。簡單講，服務體驗費力程度低的企業，透過各種管道提供優異的服務體驗，藉此取得顧客的忠誠並讓企業有利可圖。

大好機會就在眼前

現在，我們想用更人性化的說法解釋我們的研究發現。在現實生活中，究竟有哪些事情會讓顧客費力，會導致顧客流失？

你只要想想自己最近經歷的服務體驗，不管那次體驗是好或壞，拿筆寫下那次體驗的優劣對照。檢查一下兩者的差別，你把哪些事項列為劣？是電話上等候時間太久？被轉接來轉接去？客服人員告知「抱歉，那跟我們的政策不符」？或是，你的問題依舊沒有解決掉？那次體驗讓你做何感受？現在，以貴公司的觀點來看，上述這些事項中有多少是貴公司的顧客會經常遇到的狀況？

我們檢視現實世界的服務狀況時清楚看到，就算客服團隊努力把工作做好，就算服務互動看似順利，顧客忠誠度卻仍然不見起色。

想想下面這些情境：

- 客服人員不計代價、竭盡所能地解決顧客的問題（聽起來很棒，但是這樣做對提升顧客日後的忠誠度其實沒什麼幫助）。
- 遺憾的是，這是顧客為了同一問題再次來電（顧客感受相當不好）。

如果是你接聽這通電話，你或許以為：「我們做得很好啊。」但是，既然這是顧客再次來電，加上重複來電會對顧客體驗造成相當不利的影響，因此這位顧客最後很可能對企業更不忠誠。換句話說，顧客日後續購及增加續購量的可能性更小，也更可能跟別人談論企業的不是，儘管客服人員竭盡所能地幫他把問題解決掉，最後也於事無補。如果你是那位接聽第二通電話的客服人員，你絕對不會預期顧客最後的反應會是那樣。

現在，我們看看另一種情況：

- 跟前面那個例子的顧客不同，這位顧客的問題在第一次打電話給企業時就解決掉，根據先前的調查資料顯示，這樣會讓顧客對企業留下很好的印象。事實上，這就是減少顧客流失的上上策。
- 而且，服務這位顧客的客服人員清楚表達對顧客的關切（這樣做聽起來很不錯，但對顧客忠誠度並無實質幫助）。
- 不過，顧客被轉給其他人員服務（這一點對顧客忠誠度不利）。
- 因為轉給其他人員服務，結果顧客必須把相關資訊再講一遍（這一點又對顧客忠誠度不利）。
- 最後，後續承辦的客服人員比先前那位客服人員更制式化（對顧客忠誠度造成更不利的影響）。

跟先前一樣，假設我們接聽這通客服電話，我們很可能這麼想：「我們把顧客的問題解決掉了，所以……任務達成了。這樣做怎麼可能很糟呢？」但是，調查資料告訴我們事實並非如此。雖然顧客最後得到自己想要的，但是顧客卻為此付出很大的心力，所以把一切努力考慮進去後，顧客很可能在這通客服電話結束後，對企業更不忠誠。對企業來說，這可不是好事。

雖然這些狀況聽起來好像企業必輸無疑，但是你應該往好的方面想。畢竟，所有證據顯示，大好機會就在你眼前。與其拼命提升顧客滿意度，想藉此拉抬顧客忠誠度；其實你真正該做的是，專心找出新方法，把那些導致顧客流失、讓顧客額外費力的麻煩和障礙去除掉。

重點來了，你不必辛苦去尋覓這些機會。根據我們的資料顯示，這些讓顧客費力的癥結點無時無刻都在發生：

- 五六%的顧客表示，在服務互動過程中，必須再三說明自己的問題。
- 五九%的顧客表示，覺得必須額外耗費一些心力或很多心力，才能讓自己的問題解決掉。
- 五九%的顧客表示，自己在服務互動過程中被轉給其他客服人員處理。
- 高達六二%的顧客表示，需要二次以上的接洽才能解決問題。

或許這些顧客陳述的評量資料，跟貴公司本身的績效資料不符。或許你看到這些數字時心裡這麼想：幸好我們不是那樣，我們公司所有客服電話的轉接率只有一〇％，我們的一次解決率高達八五％……絕不可能有六二％的顧客需要再打一次電話才能解決問題。這種情況其實有兩種解釋，我們會在後續章節詳述，在此先簡短說明。第一種解釋是，目前客服中心採用的大多數評量方法都有某種短視的缺點：用非常狹隘的觀點看待事情，通常會讓服務組織看起來比實際狀況好些。就好像在遊樂場裡用哈哈鏡讓自己變得好高好瘦，再用鏡子裡的影像來推測體重。舉例來說：大多數企業依據轉接資料評量轉換率（transfer rate），也就是利用電話從一名客服人員轉到另一名客服人員時取得的資料做依據。但是顧客接受我們訪談時，對「轉換」卻有截然不同的定義。如果顧客起初是在網路聊天室提問，後來必須致電客服中心，那是什麼情況？顧客認為，那就是一種轉換。如果顧客起初是用電話語音查詢系統，後來必須由客服人員服務時，算是什麼情況？對顧客來說，一樣是轉換。顧客必須跟企業聯絡好幾次，把問題和資訊重講好幾遍，加上要轉換不同的服務管道，對顧客來說這些全都會讓他們棄企業而去。就像某家零售企業服務副總裁跟我們說的：「我們希望做到顧客至上，但是我們為達成這個目標做的每件事，其實都是以公司（而不是顧客）的觀點為出發點。一天忙完後，我們覺得自己做得很棒，但是顧客有覺得我們很棒嗎？」

第二種解釋更為重要，就算貴公司的資料呈現跟我們資料不一樣的結果，其實也沒什麼關係。重要的是，顧客怎樣看待這些事，如果顧客覺得自己被轉換了，但是貴公司的系統並不如此認定，究竟誰對誰錯？畢竟，現在你可找不到上訴法庭審理顧客不忠這種事。顧客不是活在客服中心的世界裡，顧客的世界是依據更全面、更簡單的一套規則來運作。顧客重視的是，企業沒有把事情變得簡單，跟企業交涉起來麻不麻煩。幸好，現在我們知道顧客怎樣定義這些事。最後，我們主張要重新設計顧客服務評量方法，好讓評量項目跟顧客看待事情的觀點更加相符。企業要體認到，這些評量方法起初很可能讓企業現況看起來比以前還糟，但重要的是，這樣能讓企業重新調整方向，取得對顧客真正重要的資料，而不是收集那些對主管和企業夥伴重要的資料。畢竟，那些資料才是了解顧客忠誠度和顧客流失的源頭。

藉降低顧客費力程度減少顧客流失

簡單講，這本書的立論依據就是：顧客服務扮演的角色是，**藉由降低顧客費力程度，來減少顧客流失**。

這個論點跟我們大多數人想要追求的策略正好相反。大多數企業採取的策略是，透過服務互動取悅顧客，藉此提升顧客忠誠度。但是殘酷的事實告訴我們，大多數企業和高階主管拼命要讓這種策略奏效，結果卻徒勞無功。現在，我們知道原因了，我們針對世界各地近十萬名顧客的服務互動進行調查發現，服務體驗通常更容易導致顧客流失，而不是讓顧客對企業更加忠誠；調查結果也告訴我們，想要在服務互動結束時讓顧客更加忠誠，根本是打一場吃力不討好的艱苦戰役。況且調查結果也顯示，即便我們努力做到最好，真的有那麼一、二次讓顧客感到「驚喜」，但是那位顧客對我們更加忠誠的可能性卻只有一二%，前提是其他方面都沒出差錯，否則就前功盡棄。換句話說，取悅顧客這種策略就像光靠中場射球贏得籃球比賽那樣。沒錯，這種做法可能奏效一陣子，卻不是讓你持續贏球的策略。

　　但是，降低顧客費力程度可就完全不一樣。我們清楚知道讓顧客更費力的服務，會直接導致顧客流失率提高。況且，降低顧客費力程度是看得到的，不像提供驚喜服務那樣抽象。「驚喜時刻」那種事因人而異，讓每個人驚喜的事物可能大不相同。重點是，用那種方式取悅顧客來提升顧客忠誠度的可能性很低，而且驚喜時刻的定義又太模擬兩可。相反地，我們檢視會讓顧客費力的這些因素，包括：重複來電、轉接、變換服務管道，這些都是更清楚明確的實際事項。顧客有沒有再打電話進來，是否被轉換給其他客服人員、是否必須重述資訊等諸如此類的事。由於這些事項可以明確區分有或沒有，所以大多數企業都能進行這類評量。事實上，企業目前很可能已經以某種方式和形式進行這類評量，只不過這些資料可能藏在服務部門某個角落堆放的報表裡面。

　　現在，我們從第一線人員如何解析策略的觀點，來比較這兩種策略。當你週一早上進到辦公室，召集客服團隊宣佈，你希望他們好好取悅顧客，客服人員會做何解讀呢？如果你沒講清楚你要他們做什麼來取悅顧客（況且每位顧客的喜好又因人而異，你怎麼可能講得清楚），你這樣做等於是在玩一場很花錢又可能穩輸不贏的遊戲。當客服人員回到座位開始接聽電話，會發生什麼事？許多客服人員根本把取悅顧客這件事拋諸腦後，因為這件事聽起來就老掉牙的企業術語一樣，主管只是說說好聽話，沒什麼意義。有些客服人員（比例極小）可能大受激勵，準備要好好取悅顧客，但是他們會採取什麼行動？除非貴公司屬於麗池卡登飯店集團、諾德史東百貨、Zappos這類將取悅策略和政策明文規定的極少數企業，否則大多數客服人員會把這項指示，解讀成該把柔性技巧發揮到極致，盡可能善待顧客並表達同理心。有些客服人員會把取悅顧客當成擋箭牌，為了安撫顧客的不滿，而做出各種違反公司政策的事，亂發信用額度、不照規定退款和發送贈品。由此可知，第一線人員對取悅顧客這項策略會做出許多不同的解讀，而且這些解讀通常會讓企業無利可圖。

但是，如果你召集客服團隊來，沒有要求他們取悅顧客，而是要求他們盡可能給顧客方便，告訴他們專心做好一些行為，比方說：避免顧客需要再次致電；自己幫顧客把問題解決掉，盡量避免轉換其他人員處理；不要求顧客重述個人問題與資訊；服務不要制式化等等。這些事情是客服人員可以做到的事。引述我們訪問的一位客服人員說的話：「對我來說，當主管告訴我們要專心讓事情變得簡單時，我恍然大悟。我突然頓悟了，我一直以為有些人天生就很懂得服務別人。但是，降低顧客費力程度這種事，就是做好能為顧客省力的那些事。這樣做實在很有道理，就算沒有服務天分的客服人員也做得到。」

現在，好好想想確實衡量顧客費力程度的潛在實力，這樣做不但能清楚衡量那些讓顧客費力的作業因素，也能提高對「顧客忠誠度」這項終極目標的預測能力。還記得我們先前提及顧客滿意度時談到，對服務感到滿意的顧客中有二〇%的比例表示不再跟企業惠購。那可是相當高的誤差範圍，是我們在衡量顧客費力程度時沒發現的事。所以，我們在第六章會用一些篇幅，深入探討評量方法出現的這個問題，並將我們多年研究的新概念「顧客費力程度分數」（Customer Effort Score）介紹給大家。我們相信這是客服組織必須具備的評量工具。

改變忠誠度曲線

顧客忠誠度攸關客服部門的績效，也攸關企業成敗。如果你真的在意顧客忠誠度，就一定要把「降低顧客費力程度」當成貴公司服務策略的新重心。

我們經常跟客服主管談到「改變忠誠度曲線」這個概念（見圖1.9）。從顧客服務時代開始至今，大家一直把重心放在把顧客體驗分數的自然分配曲線盡量往右移動。這麼做意謂的是，去除不良的互動，但更重要的是，服務必須超越全體顧客的期望。根據企業長久以來的對顧客忠誠度的認知，這樣我們就能讓曲線往右移動，讓顧客對企業更加忠誠。

圖1.9　客服部門的顧客忠誠度目標對照示意圖
（一般目標與建議目標之對照）

錯誤的忠誠度目標：「超過我的期望。」
示意圖

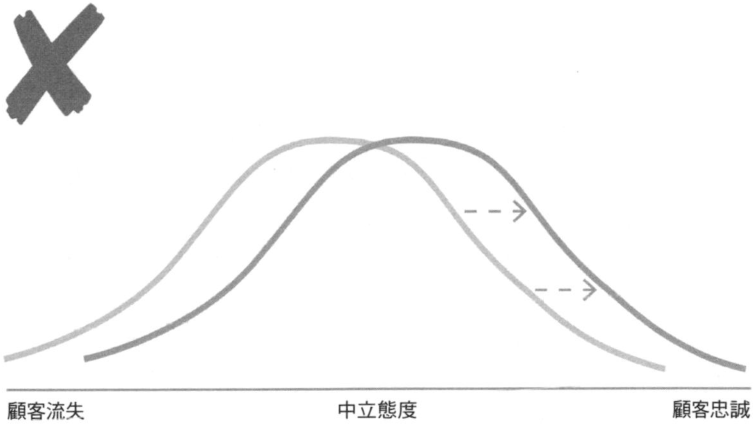

正確的忠誠度目標：「你給我方便。」
示意圖

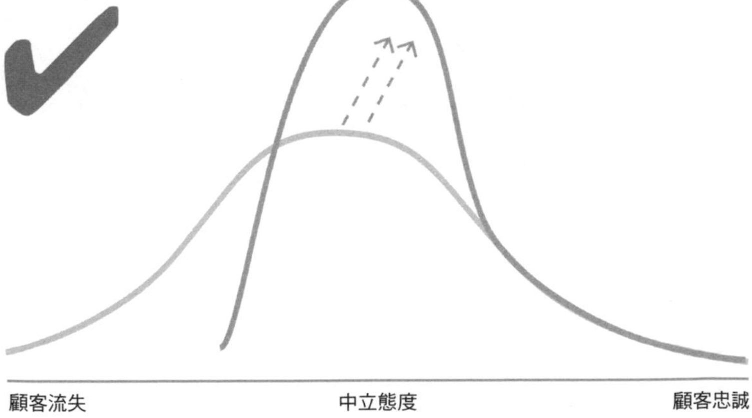

資料來源：CEB公司（2013）

如果你認為這個章節的討論對你沒什麼幫助，至少現在你知道取悅策略行不通，原因有三：

- 因為取悅顧客這種事很少發生，就算真的發生了，顧客也不會對企業更加忠誠，所以企業不如提供剛好符合顧客期望的服務就好。
- 因為客服互動導致顧客流失的可能性，是創造顧客忠誠的四倍。
- 因為企業努力想取悅顧客，並沒有善用資源、投資、績效評量和獎勵制度，把導致顧客流失的費力根源去除掉。

相較之下，降低顧客費力程度這種策略，就跟落實我們對顧客做出的最基本服務承諾有關，比方說：出問題時，交給我們解決。顧客需要協助時，我們以專業服務團隊提供協助。顧客真的不在乎你有沒有討他歡心，顧客要的只是照平常那樣過日子，所以你的工作就是把妨礙顧客照常度日的障礙去除掉。對你來說，顧客來電或許「非常重要」，但是以整個情況來說，顧客並不認為有那麼重要，所以你只要能信心十足地解決顧客的問題，迅速有效率地協助顧客恢復平常的生活，這樣就讓顧客費力程度大幅降低。

藉由專注於讓顧客費力的這些根源，我們就能去除不良互動，把原本即將流失的顧客找回來，讓他們對企業維持中立的態度。與其讓顧客跟我們說：「你的服務超出我們的期望」，我們真正要努力做到讓顧客這樣講：「你給我方便。」了解其中的差異嗎？你必須讓顧客更沒有理由棄你而去，所以讓顧客少費點心思、少花點力氣，才是上上之策。

當然，這整件事還缺少一個重要關鍵，不是嗎？你究竟該怎麼做，才能讓這一切成真？

省力服務的四大準則

我們的團隊利用調查收集的初始資料，開始針對重複來電、轉換管道、制式化服務、費力程度認知等讓顧客費力的不同根源，進行為期多年的研究。在這段期間，我們也進行幾項額外的計量研究，深入探討顧客費力程度的真實本質，並且訪談數百名服務主管，找出降低顧客費力程度的創新實務。

雖然我們會在後續章節針對這方面再做詳述，但我們想先介紹省力服務組織都具備的這四項最佳實務：

1. 為顧客省力的企業懂得強化自助服務管道的「黏著度」（stickiness），讓顧客不必在遇到問題時必須致電客服中心，善用這種做法把轉換服務管道的可能性降到最低。這類企業察覺到近年來顧客偏好已大幅改變，從原本喜歡客服人員服務，轉移到偏好自助服務。不過，這類企業也注意到，顧客要的不是一大堆附加服務，而是一種簡單有規則可循、直覺式的自助服務體驗，讓顧客在不想致電客服中心時，自己就能解決問題。

2. 當顧客不得不致電客服中心時，為顧客省力的企業不會只替顧客解決目前的問題，他們教導客服人員善用「避免後續問題」（next issue avoidance）這項實務，去除顧客後續來電的可能性。為顧客省力的企業明白，一次解決顧客問題不是目標，只是往事件導向及更具整合性問題解決流程邁進的一個步驟。

3. 為顧客省力的企業讓客服人員具備順利解決問題所需的技能，在服務互動時讓顧客備感窩心。這樣做不只做到以禮相待（例如：客服人員接受「柔性技能」訓練），也要運用更先進的「體驗工程」（experience engineering）策略，讓客服人員主動控管顧客互動。這類策略就是以人性心理學和行為經濟學的原理為依據。

4. 最後，為顧客省力的企業懂得授權第一線人員，善用重視體驗品質而非只在意速度與效率的獎勵制度，落實為顧客省力的體驗。這類企業已經擺脫服務組織長久以來根深蒂固的「碼錶」和「查核表」等文化，他們提供客服人員更多自主權和機會，讓客服人員針對更多事項做出判斷。換句話說，這類企業知道，要對服務體驗的品質取得更大的掌控，就必須給予落實服務者更多的控制權。

以上所述，就是為顧客省力的企業會做的事。而且，這些準則都有獨特的定量與定性研究做依據。我們在後續章節會逐一介紹省力服務的這四大準則，也會告訴大家這些準則的資料依據。同時，我們會跟大家分享哪些公司正在運用這些準則，也讓大家知道有哪些工具和範本可以運用，讓貴公司也能出現類似的進步。其實，貴公司可以馬上著手進行，往落實為顧客省力的服務體驗邁進，也能迅速評量出公司在這方面的進展成效。這樣一來，顧客就更不可能流失，客服作業也善盡本身最重要的職責。

所以，獎賞就在眼前等著你跟貴公司去領取，而且跟以往相比，現在取得獎賞的途徑更加清楚可見。

重點摘要

- ◆運用服務管道取悅顧客根本不划算。就算顧客獲得超過期望的服務，也只比服務剛好符合期望的顧客多忠心一點點。
- ◆顧客服務通常會導致顧客流失，沒有讓顧客更加忠誠。平均來說，服務互動導致顧客流失的可能性，是創造顧客忠誠的四倍。
- ◆減少顧客流失的關鍵就是，降低顧客費力程度，多幫顧客省點力。企業應該減少顧客為解決問題所需承擔的工作量，專心讓服務更為簡便，不是只在意討顧客歡心。因此，顧客必須重述資訊，為解決問題需跟企業重複來電，轉換服務管道，問題轉換不同客服人員處理，以及制式化的服務，這些都是企業應該盡力去除的客服障礙。

第二章

顧客為什麼喜歡自助服務

我們大都遇過這種情況：你到機場後，看到航空公司地勤人員站在那裡，但你還是直接往自助劃位機走去，自己更改座位，或許要求升等，然後列印登機證。就算你沒這樣做過，那下個例子你應該有經驗：你在銀行排隊等候使用自動提款機，但你知道其實你可以請銀行行員為你服務。大多數顧客不僅喜歡自助服務，還有許多類似例子告訴我們，顧客想盡辦法運用自助服務。這十年來，顧客想要怎樣的服務方式，想如何跟企業互動，這方面已經出現相當大的改變。問題是，大多數企業的服務策略並沒有跟進，所以讓企業受到雙重打擊，不但營運成本增加，顧客忠誠度也因此降低。

自助服務為什麼這麼吸引顧客，原因當然很多。舉例來說，自助服務有效率，自助服務機器比還要抽號碼牌等候人員服務要快得多。況且，當今社會規範也有所改變，在拿起智慧型手機就能辦妥事情的時代，就沒必要請客服人員代勞，因為那樣一點也不酷。況且，現在這種科技時代，還在機場排隊劃位不是太遜了嗎？怎麼有人想跟那些旅遊菜鳥一起排隊啊？

不過，如果你問問企業主管，顧客想怎樣跟他們公司互動，他一定會告訴你，顧客通常喜歡用打電話的方式。服務主管幾乎都這麼想，他們會這麼想原因其實不難理解。客服人員電話服務代表企業最可觀的營運成本，也是企業督導的服務管道中最明顯可見的一個，並且是顧客製作YouTube影片和顧客來函威脅要跟企業斷絕關係的主要原因。況且，大多數服務主管都是從電話客服做起，慢慢升遷到目前的職位。

顧客希望企業提供怎樣的服務，跟企業以為顧客想要怎樣的服務，兩者之間的落差剛好讓導致顧客費力的最大危害因素得以隱匿其中、不為人知。這個因素就是所謂的「轉換管道」（channel switching），顧客起初設法透過自助服務解決問題，後來卻還是得致電客服中心，而且大多數服務主管根本不明白或沒發覺這種情形在服務體驗中相當常見。事實上，大多數服務互動都會出現轉換管道這種情形，而且次數頻繁到超出大多數企業所能想像。顧客每次必須轉換服務管道時，就會對顧客忠誠度產生相當不利的影響。

照理說，這個問題當然應該受到各個企業的重視，但諷刺的是，事實並非如此。有部分原因出在，大多數企業通常採取一種短視近利的做法，收集顧客體驗的相關資料。雖然幾乎所有企業都很懂得追蹤顧客對任何一種服務管道的使用量，但是建構系統追蹤多重服務管道體驗的企業卻寥寥無幾。通常企業會把顧客當成「網路顧客」或「電話顧客」，沒有考慮到顧客解決問題的過程中，其實已經跨越不同管道的界限。難怪大多數企業甚至不知道轉換管道這種情形正在發生。

問問企業領導人或高階主管，他們公司在自助服務方面遭遇的最大挑戰是什麼，得到的回答幾乎千篇一律，大概就是「讓顧客願意採取自助服務」。服務主管們都很清楚，自助服務能讓公司省下大筆成本。「我們公司的顧客來話量過高，只要能讓更多顧客使用我們的自助服務管道，公司就能省下大筆鈔票……所以，我們該怎麼做呢？」但是，服務主管沒有領悟到，每天打到客服中心的電話中，有相當大的比例是已經嘗試自助服務，卻仍遇到問題的顧客打電話進來。事實上，平均來說，企業接到的顧客來電中，有將近五八％的比例是先在企業網站設法自行解決問題，後來因為某種原因，最後還是必須致電客服中心。而且，致電客服中心的顧客中，有三分之一的比例在跟客服人員通話時，同時也在使用企業的自助服務網站（見圖2.1）。

對大多數企業來說，顧客先使用自助服務再致電客服中心，這件事讓他們深感憂心。這就像是在自家住宅進行能源查核，檢查房屋門窗的密閉性，卻發現讓你花大錢的冷暖氣，因為窗戶密閉性太差而外洩。這件事暗示著，企業原本無須承擔一筆龐大的客服費用，卻因為自助服務作業有問題，讓顧客不得不致電客服中心，造成客服成本大增。

那麼，顧客的體驗又是什麼情況？轉換服務管道對顧客來說有多麼痛苦？跟以自助服務解決問題的顧客相比，原本設法以自助服務解決問題，後來卻被迫致電客服中心的顧客，就有一

圖2.1　顧客轉換服務管道

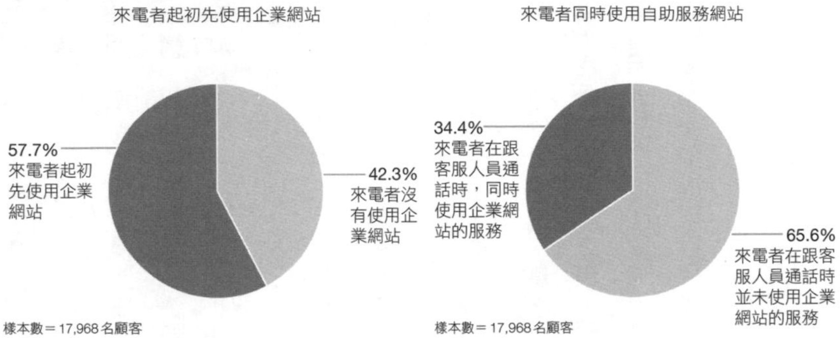

樣本數＝17,968名顧客　　樣本數＝17,968名顧客

資料來源：CEB公司（2013）

〇%的比例表示不會再跟企業惠顧（見圖2.2）。由此可知，每種看似微不足道的轉換，其實都會對顧客忠誠度造成影響。

至於比例高達五八%，被迫從使用網路改為致電客服中心那一大群顧客，最後就陷入「雙輸」局面：他們讓企業花更多錢提供服務，而且最後顧客卻更想求去。就像某位財務長看到這項資料時驚訝地說：「我先搞清楚一下，你是說我們正在花錢讓顧客棄我們而去嗎？」確實是這樣沒錯。

現在，企業面臨的挑戰不是讓顧客試著採用自助服務，而是如何避免顧客轉換服務管道，讓已經使用自助服務的顧客，不必再致電客服務中心才能解決問題。而且這樣做，企業不但能節省不必要的客服成本，還能減少顧客流失。簡單講，自助服務這場仗不是要讓顧客去試用自助服務，而是要讓顧客繼續使用自助服務，不必致電客服中心。

圖2.2　轉換服務管道對顧客忠誠度的影響

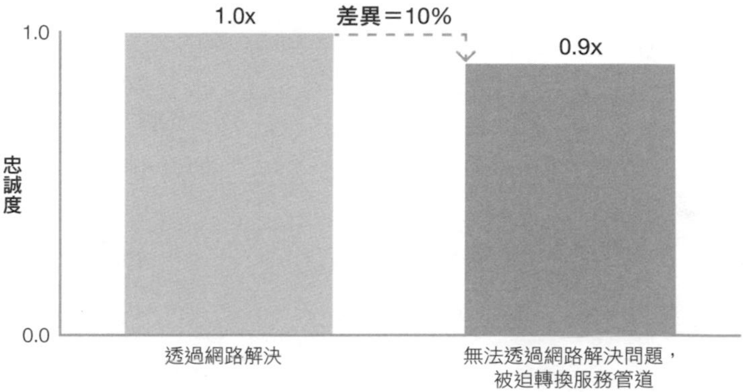

樣本數＝17,968名顧客
資料來源：CEB公司（2013）

了解機會在哪裡

為了協助大家更清楚地了解顧客對服務管道偏好的改變，並讓大家知道轉變服務管道這種情形有多麼普遍，我們在進行三項研究期間，順便調查二萬多名顧客，把企業對消費者和企業對企業這兩種互動都包含在內。而且，我們把北美地區、歐洲、非洲、亞洲和澳洲各大產業和顧客都涵蓋在內，所以調查結果等於呈現出全球各行各業的客服現狀。

我們詢問顧客有關服務體驗的各種問題，包括：他們使用哪些服務管道，是網路聊天室、電話、線上自助服務、或三者都用？這三種管道中，個人使用頻率的順序為何？問題解決了嗎？服務互動是輕鬆簡單或困難重重？我們設法了解整個過程中究竟發生什麼事，也就是要掌握這二萬多次服務互動從開始到結束的細節。

圖2.3　運用聯合分析法測試顧客對服務管道的偏好

屬性	方案E	方案F

屬性	方案C	方案D

屬性	方案A	方案B
跟企業接洽的方式	致電客服人員	在企業官方網站瀏覽網頁資訊（例如：常見問題集、產品資訊或一般資訊）
接洽幾次才解決問題	2	1
花多少時間才跟客服人員通上電話	15秒	不適用
客服人員服務時間	平日上班時間	不適用
客服人員所在地	國內	不適用
挑選個人偏好的服務管道	○	○

資料來源：CEB公司（2013）

我們也試著深入了解顧客對服務管道的偏好，顧客怎樣看待不同服務管道的重要性？我們測試各種服務管道像是網路自助服務、電話語音服務、聊天室和電子郵件等諸如此類的服務管道。我們真正想確認的是，顧客對電話客服和自助服務這兩個服務管道的重要性做何評價。這部分的調查採用「聯合分析法」（conjoint analysis）這種效力十足的統計方法，協助我們強迫顧客一再做出取捨，讓我們可以區別顧客偏好（見圖2.3）。

企業偏好使用電話客服

所以一般說來，在企業的服務策略中，網路客服究竟有多重要？我們得到的答案大多是這樣：「沒有電話客服那麼重要。」平均說來，服務主管認為顧客對電話服務的偏好程度，是線上自助服務

圖2.4　服務主管對於顧客偏好轉移到網路的認知

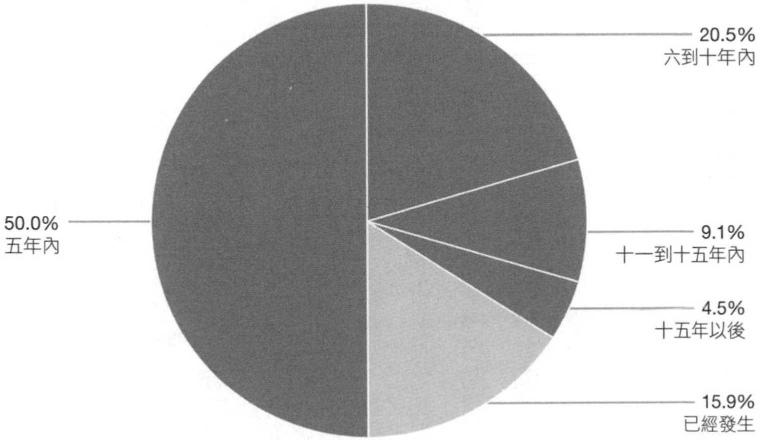

樣本數：44家企業
資料來源：CEB公司（2013年）

的二・五倍——主要是因為企業認為顧客想跟他們有某種個人關係。

那麼，究竟還要再過幾年，顧客對服務管道的偏好才會轉到自助服務？大多數服務主管認為，至少還要再過幾年的時間（見圖2.4）。難怪接受我們訪談的企業，最近進行自助服務相關專案的比例只占三分之一。許多企業根本不認為這是他們必須做的優先要務。他們壓根兒沒想過，「顧客從企業網站先尋求服務，最後卻常要改打電話到客服中心」這種事。

我們跟服務主管訪談時發現，服務主管們都有幾個「根深蒂固」的臆測，影響他們對自助服務的認知。這些臆測包括：

臆測1：顧客只想用自助服務解決容易的問題，比方說：查詢餘額、檢視訂單狀態或付款。但是當問題比較複雜或緊急時，顧客覺得直接找客服人員協助才放心。

臆測2：只有千禧世代（目前十幾、二十幾歲的那些人）才會很想使用自助服務，較年長世代根本不想使用自助服務。換句話說，引爆點至少十年後才會出現，到時候偏好自助服務的人數才會多過喜歡客服人員服務的人數。

臆測3：想讓自助服務的提供方式有實質改善就要花大錢。目前網站的服務功能不完善，無法協助顧客自助服務，因此若要讓自助服務能供大多數顧客所用，就必須投入遠超過目前投資水準的可觀投資。

有位主管就跟我們發牢騷說：「自助服務這個機會就像石中劍。」大家都知道自助服務可以幫企業節省成本，但是目前自助服務的限制實在太多，而且時機似乎還不成熟。這位主管認為他跟顧客都還沒準備好，好好掌握自助服務帶來的好處。而且，有這種想法的人可不只他一個。大多數服務主管都表示自己也有類似的挫敗。結果，他們採用的策略就是，更妥善地管理電話客服管道，根本沒有花心思改善網路自助服務。

引爆點已經出現

不過，大多數企業深信的這三項臆測，根本與事實相反，是必須破除的迷思。事實上，顧客對網路自助服務的重視，至少已經跟對電話服務的重視不相上下。其實顧客認為自助服務和電話服務互動的重要性是一樣的，而且不管是企業對消費者或企業對企業的商業環境，情況都一樣（見圖2.5）＊。對企業主管來說，這項發現真的出乎意料，因為他們認為顧客對電話服務的重視，幾乎是對網路自助服務的二．五倍。事實是，顧客對電話服務和自助服務的偏好剛好背道而馳。現在，顧客對使用自助服務的意願迅速增加，對打電話尋求服務的意願也以同樣的速度銳減。所以，引爆點不必等到十年後才出現，而是已經出現了。

有些顧客甚至不覺得自己是在致電客服或網路自助服務之間做選擇。其實，他們根本沒想過電話服務這檔事。問問大學生他們開派對時打電話去哪裡叫披薩，他們可能會覺得你很奇怪。他們會跟你說：「叫披薩不用打電話啊，只要上網訂就行。幹麼打電話？」我們現在可是生活在凡事自己來，自助服務優先的時代。

可是，比較複雜的問題也是這樣嗎？就像先前提到服務主管的臆測，他們認為顧客對於查詢餘額或訂單狀態這些相當簡單的問題，才會放心使用自助服務。如果是那樣，你會預期顧客並不重視自助服務這個管道。我們為了測試那項臆測是否屬實，決定更深入分析我們的調查資料，

＊在企業對企業跟企業對消費者這兩種商業環境中，顧客對服務管道偏好的差別在於，企業顧客大多不像消費者那樣重視顧客服務。通常，企業顧客的服務互動跟個人利害關係比較沒有關係，因此比較不那麼重視顧客服務的互動。

圖2.5　電話客服與自助服務的重要性對照（服務主管認知與顧客實際偏好之對照）

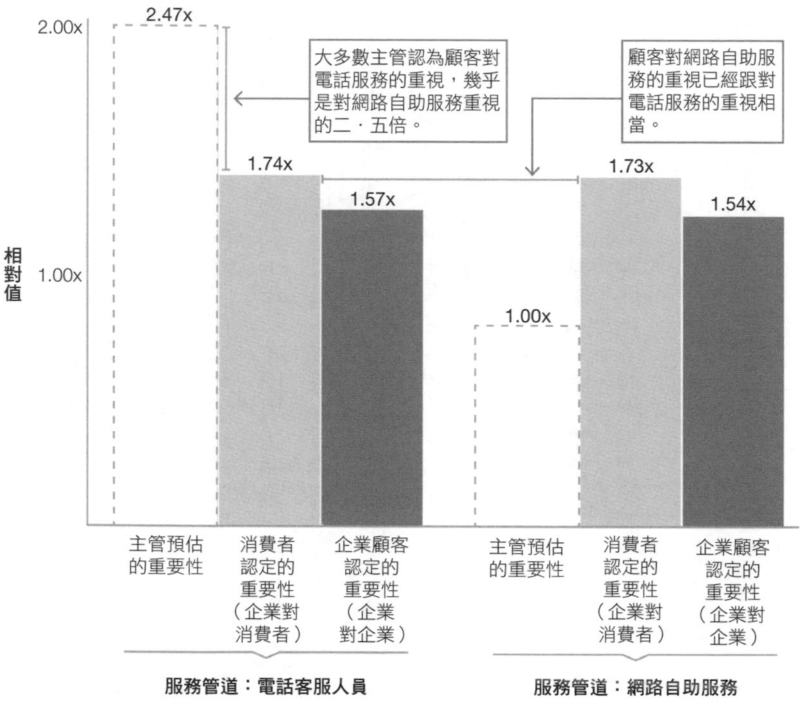

樣本數＝40家企業　樣本數＝879名消費者　樣本數＝965名企業顧客
資料來源：CEB公司（2013）

把顧客遇到更困難複雜問題的那些情境獨立出來。雖然在這種情況下，顧客對於使用電話服務這個管道的偏好有稍微增加，但是差異並不像大多數服務主管預期得那樣顯著。就連在不常遇到的情況下，顧客還是以自助服務為優先選擇，這項結果實在超乎我們大多數人的預期。不過，有時問題真的複雜到必須跟客服人員聯繫，但是我們的調查結果發現，這種情況其實少之又少。

想像一下：三更半夜，你發現你的小孩開始起疹子發燒，小孩的健康當然不能馬虎。現在，你當然會打電話給小兒科醫師或值班護士，或是趕緊帶小孩去全天候診所，甚至是送往醫院急診室。但是，現在大多數家長遇到這種情況時，有愈來愈多家長是怎麼做呢？很多家長都上網尋求協助，比方說造訪全球最大健康資訊網路 WebMD。我們信任這些資源，也相信自己解讀這些線上資源的能力，但是五或十年前的情況可不是這樣。

現在，顧客真的信任網路自助服務，許多人對自助服務的信任程度，跟對客服人員的信任程度相當。而且，自助服務也讓顧客獲得掌控權，尤其是要提供私密或可能令人難堪的資訊時，顧客就更希望一切自己來。所以，服務主管以為顧客遇到緊急服務狀況時會優先考慮電話服務，這種根深蒂固的看法跟事實天差地遠，至少不像以往我們認定的那樣貼近事實。

那麼，顧客的年齡會對服務偏好產生影響嗎？還記得先前提到服務主管的一項臆測是，較年輕世代才會喜歡自助服務。可想而知，你一定以為年齡會對服務管道的偏好造成某些差異。較年長顧客比較不傾向於使用科技產品，因為他們不是使用智慧型手機、個人電腦和網路長大的世代。你或許以為這種情況，也會反映在他們跟企業的互動方式上。雖然調查結果顯示某種程度來說是這樣沒錯，但是結果卻跟我們原先的臆測有很大的出入（見圖 2.6）。許多六十幾歲、甚至是七十幾歲的人遇到問題時，喜歡先上網尋求解決辦法。而且，在六十歲以上的族群中，偏好電

圖2.6　不同年齡層對網路服務和電話服務的偏好對照

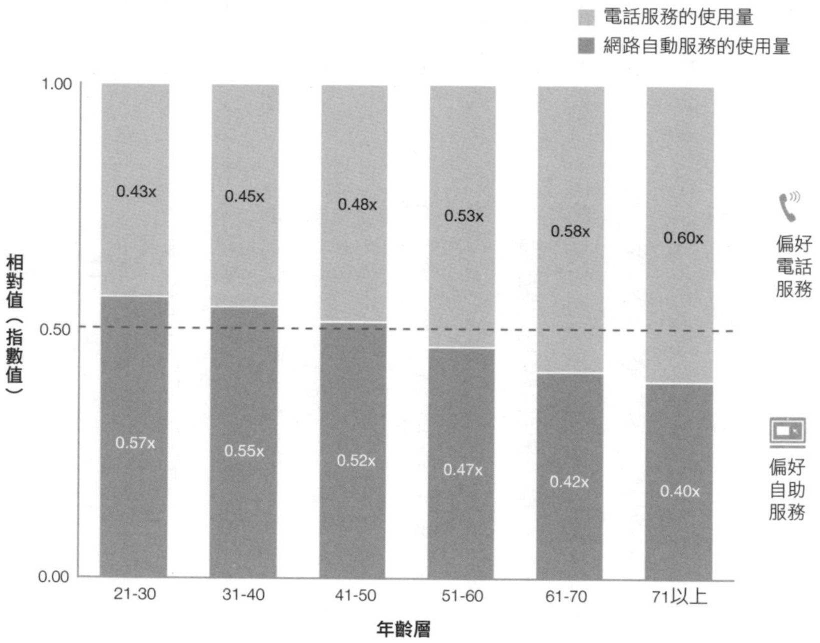

樣本數：879名顧客
資料來源：CEB公司（2013年）

話服務跟自助服務的比例幾近六〇比四〇，不是許多人猜測的九〇比一〇或八〇比二〇。所以，即便是最不可能採用自助服務的顧客，都比我們大多數人想像的更願意採用自助服務。

我們的調查結果發現，五十一歲是服務管道偏好的劃分點，這項結果跟大多數企業的看法有天壤之別。而且，嬰兒潮世代使用網路做為服務互動的安心和信心程度，似乎有日漸升高的趨勢。其實，這個年齡層也是近年來網路使用量出現爆炸性成長的功臣之一。舉例來說，臉書表示在過去幾年內，六十五歲以上的使用者是成長最顯著的區隔。

現在，我們要認清事實，看看大多數企業在這方面錯得有多離譜：主管起初告訴我們，顧客偏好電話服務的比例是自助服務的二．五倍。結果，這個比例確實反映出某個年齡層顧客的現況。是哪個年齡層呢？七十七歲以上的顧客是這樣沒錯。但是對大多數企業來說，這個年齡層根本不是他們的目標顧客群。企業並非不了解顧客對網路使用量的偏好正在改變，只是他們沒有想到這種改變發生速度之快，遠超過我們任何人的預期。

為什麼客服中心的電話還是響個不停？

顧客偏好出現這種改變，其實是近幾年才有的現象。根據我們的調查，有將近六七％的顧客表示，他們在五年前主要還是仰賴電話服務。但是調查結果顯示，目前只仰賴電話服務的顧客僅占二九％。這表示五年內已經有三八％的顧客轉為仰賴網路自助服務，這種驚人的轉變讓許多企業束手無策。但是，如果大多數主管的預測都失準是唯一的壞消息，那麼情況倒也沒那麼糟，不是嗎？反正我們現在知道顧客想要自助服務，原本大多數企業預期在五年、十年、甚至十五年後才會見到的轉變，目前已經發生了。

只是照理來說，客服中心的來話量應該大幅銳減才對啊，但是實際狀況卻不是那樣。在我們持續進行的分析中，這可不是單一公司的個案，雖然來話量持續減少，但是減少的幅度不如預期那樣顯著。（其實對大多數企業來說，過去幾年的來話量只減少四％到五％。）顧客接受我們調查時提出的意見，協助我們了解實際情況究竟怎樣。我們把其中幾個比較值得深思的意見列出來供大家參考：

「我總覺得自己必須致電客服中心，不是因為我想這麼做，而是因為我必須這麼做。我跟其他公司往來就不必這樣打電話，那些公司的網站都設計得很好，根本不必麻煩顧客再打電話。」

「你們的網站上明白寫著要我打電話。要是我想打電話，我老早就打了，幹麼還到網站看呢。」

「你們的客服人員很好，我每次跟他們通話時都得到很好的對待。但是，我不見得老是想跟客服人員通話。」

花一點時間想像一下，身為客服人員，你正在跟顧客通話，討論顧客遇到的一個服務問題。你發現顧客原本透過公司網站想自行解決問題，但是不知何故，最後顧客還是得打電話到客服中心。想想看，顧客不但想要採用自助服務，還實際試過，結果卻還是要致電客服中心尋求協助，這樣不是很浪費顧客跟公司的寶貴時間？

我們開始跟企業主管分享這項發現時，有位主管就這樣回應：「我們把顧客分成『電話使用者』或『網路使用者』，但是現在我們才開始明白，我們應該把顧客當成『**兩者皆是**』。」這項重點簡單明瞭，但是能用這種方式看待顧客的企業卻寥寥無幾。

企業必須把重心從「**讓顧客試著採用自助服務**」，轉變成「**讓顧客繼續使用自助服務，不必致電客服中心**」。十年前，自助服務的重點是，教育顧客了解企業網站的存在，讓顧客培養使用自助服務解決本身問題的信心。其實我們的團隊在二〇〇五年時就針對這項主題，撰寫《讓自助服務達到關鍵用量》（*Achieving Breakout Use of Self-Service*）這篇研究論文。現在看來，這篇研究論文似乎已經過時，那個時代已經不復存在。所以，我們無須反抗事實。目前，偏好電話客服的顧客只占全體顧客的一小部分（而且，這群人的人數還持續減少中）。企業可以從服務管道的轉換找到雙贏商機，不但能降低服務成本，也能幫顧客省力。而且最棒的是，企業還能找出許多機會把這件事情做對。

服務管道黏著度就是改善服務管道轉換的大好機會

現在，我們要正視一項事實，服務管道的轉換有部分比例並不在服務組織馬上能掌控的範圍內。根據調查資料顯示，有五八％的顧客原本採用網路自助服務，後來必須致電客服中心，其中約有一一%的情況是難以避免的（見圖2.7）。舉例來說，顧客遇到的問題太複雜很難透過自助服務解決、網站出現技術問題、或是碰到必須馬上聯絡客服的狀況。雖然在這些情況下，企業還是有一些機會減少管道轉換這種事，但是企業大可不必這麼辛苦，還有其他更容易改善服務並從中獲利的大好機會。

以服務管道轉換來說，更容易掌控的一些因素可以歸納為下面這三大類（在企業對消費者和企業對企業的商業環境中，這些情況各占四七%和三七%）：

1. 顧客無法找到他們需要的資訊。
2. 顧客找到所需資訊，但資訊含糊不清。
3. 顧客只是使用企業網站尋找客服電話號碼。

圖2.7　服務管道轉換的根本原因

顧客使用網路自助服務卻轉換致電客服中心的原因
（依據以下顧客體驗的百分比）

不在服務組織馬上能掌控的範圍內		
	企業對消費者的服務組織	企業對企業的服務組織
問題太複雜	4.5%	4.7%
網站出現技術故障	1.6%	2.1%
網站指示致電客服人員	4.6%	3.0%
總計	10.7%	9.8%

在服務組織馬上能掌控的範圍內		
	企業對消費者的服務組織	企業對企業的服務組織
找不到答案	8.7%	15.6%
找到的資訊不清楚	5.8%	6.3%
只是要找聯絡資訊	32.5%	14.8%
總計	47.0%	36.7%

樣本數：44家公司
資料來源：CEB公司（2013年）

我們會在後續章節詳述幾個最佳實務，協助企業減輕服務管道轉換造成的不利影響。這些實務不需要仰賴昂貴的先進科技；相反地，你會發現一連串花小錢就有大收穫、可行性又高的新實務。對大多數企業來說，這可是一個大好消息。

講到資訊在網路上的呈現方式，最高指導原則就是：**簡單至上**。大多數顧客會轉換服務管道的原因，是因為網站資訊把他們搞得一頭霧水，或是讓他們喪失信心。並不是網站讓他們失望，或是網站資訊無法解決他們的問題。那種情況當然也會發生，但是頻率沒有那麼高。真正讓顧客摸不著頭緒的是，企業服務網站上的用語和版面設計。照這樣說來，光靠簡化網站就能增加網站黏著度，讓服務管道轉換這種情形從此徹底消失嗎？可能沒辦法。但我們相信，讓十位顧客中有二位顧客不必轉換服務管道，這個目標是很容易達成。不過，幫企業網站設計精美的介面和更棒的功能所要投入的資金，當然可能讓這個目標的成效大減。但是，「十位顧客有二位不必轉換管道」，是相當值得企業採行又切合實際的首要步驟，而且企業只要把本身的網站加以簡化，就能達成這項目標。如果企業覺得這個目標好像不夠看，我們就舉例說明讓大家知道，這個小目標能為企業創造多大的利潤。假設有一家公司每年的來話量是一百萬通，每通電話的平均成本為八美元，在這種情況下，即便是每十人有二人不必轉換服務管道，就能讓這家公司每年省下將近五十六萬四千美元（圖2.8為預估成本節省示意圖）。況且，十名顧客中不必致電客服的那二名顧客，最後就更不可能流失掉，因為他們體驗到更省力的服務。**這就是任何服務組織眼前就能看**

圖2.8 讓每十位顧客中有二位顧客對企業網站的「黏著度大增」，預估能為企業節省多少成本。

每年來話量

每通電話的成本（單位：美元）[1]	500,000	1,000,000	5,000,000	10,000,000
$ 2	$ 70,500	$141,000	$ 705,000	$1,410,000
$ 4	$141,000	$282,000	$1,410,000	$2,820,000
$ 6	$211,500	$423,000	$2,115,000	$4,230,000
$ 8	$282,000	$564,000	$2,820,000	$5,640,000
$12	$423,000	$846,000	$4,230,000	$8,460,000

[1] 假設七五%的顧客使用網路

資料來源：CEB公司（2013）

到、也最容易迅速實現的雙贏商機。

在你採取行動前，你應該先評量一下自家公司的管道轉換商機。只要善用我們跟富達（Fidelity）這家全球知名金融服務公司學到的一項簡單實務，你就能輕輕鬆鬆評量自家公司在這方面的機會。

一切就從一個簡單的問題開始

雖然你可以把顧客關係管理系統、網站和來話量等資料加以彙整，評估自家公司在服務管道轉換的機會。但是，富達公司（Fidelity）的做法很值得大家參考。富達公司採用更直接了當的做法完成這件事。該公司的客服人員在接聽顧客來電時，利用問題樹這種簡單做法，協助客服人員迅速了解哪些顧客是從網路這個

圖2.9 富達公司針對服務管道轉換進行的顧客意見運作實務

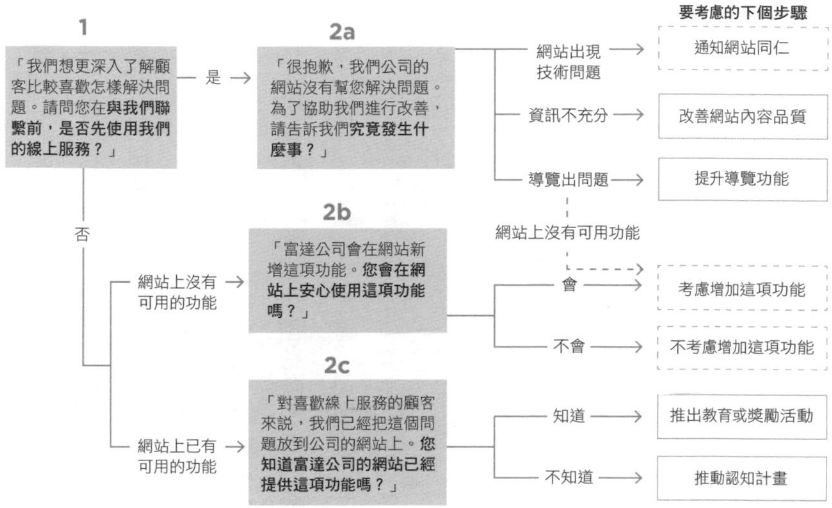

資料來源：富達公司、CEB公司（2013）

管道，轉換到電話服務管道。然後，客服人員會請教轉換管道的顧客兩個問題，好讓富達公司找出造成管道轉換的真正原因（見圖2.9）。這樣做實在很聰明，富達公司不但可以掌握有關服務管道轉換的重要資訊，也能取得顧客偏好如何演變的寶貴資訊，同時也大致明白顧客對於自助服務選項的了解程度。

富達公司的做法如下：客服人員接到顧客來電時，會先詢問顧客是否使用網站自助服務。回答是的顧客再被問到，究竟發生什麼事，為什麼他們必須致電客服中心？是網站出現技術問題？資訊含糊不清？還是顧客在企業網站裡迷路了？這些就是服務管道轉換者告訴富達公司，他們究竟為什麼必須轉換服務管道的原因。光是取得這項資料，富達公司為這項實務所做的努力就值得了。

不過，富達公司還做了更深入的調查。對於沒有使用網站自助服務的顧客，客服人員會問他們是否知道公司網站上有哪些可用功能（在網站功能確實存在的情況）。當顧客的問題在公司網站上沒有可用功能的情況時，客服人員會問顧客如果公司網站提供這種功能，顧客是否能安心使用。整個實務運作的設計宗旨就是，協助富達公司往後對自助服務這方面進行投資。富達公司的客服人員向顧客詢問時會讓顧客覺得，這是富達公司為了協助顧客才進行一場學習實務。客服人員並未表示這是一項調查，富達公司也沒有把這項運作當成鼓吹顧客使用網站服務的機會。而是把問題定位在向顧客學習，所以才會有那麼多顧客樂意提供意見。而且，顧客也覺得跟一般調查相比，富達公司的客服人員真心傾聽他們對於線上互動的看法。

富達公司不同客服小組每季以一週的時間，對顧客進行這種調查，協助公司取得足夠資料跟成本對照，讓公司能做出周全的決定。客服人員收集到這項資訊後，就將資訊交由行銷、流程工程和資訊科技這幾個團隊將資料分類，判斷眼前商機的優先順序，進而改善自助服務，讓網站用語清楚明確，或是把網站內容稍做更動，同時累積證據做為改善網站功能的依據。

這項簡單的實務運作只是請教顧客一些不會冒犯個人的問題，就能協助富達公司改善顧客體驗，減少服務管道轉換的次數並降低來話量。舉例來說，富達公司只要調整連結的配置及修改網站用語，把跟個人識別碼重設有關的冗長流程縮短，就能改善線上個人識別碼重設的作業。這個簡單的解決辦法，讓線上個人識別碼重設的完成率大幅提高二九%，也讓跟個人識別碼重設的相關來話量減少八%，預估這兩項成果已經讓這項方案得到七．二五倍的投資報酬率。

許多公司已經利用這種顧客學習實務，獲得相當大的成效。其實，我們經常聽到企業表示，只要收集幾天的資料，就能從資料分析中開始察覺一些模式。就像某位服務資深副總裁跟我們說的：「這項運作超乎我們的預期，為我們帶來很多輕而易舉就能達成的任務，就好像一座堆滿改善機會的寶山。」

貴公司可以利用這種做法迅速突顯出，公司跟顧客目前因為哪種管道轉換感到困擾。接下來，我們更進一步地審視轉換客服管道的三大類別。我們就從顧客無法找到所需資訊這個類別開始講起。

類別1：顧客無法找到所需資訊

大多數企業是在不經意的情況下，讓轉換管道類別一的狀況再三惡化。這是因為企業通常認為，顧客希望跟企業互動時，有更多管道可供選擇。企業在網站上提供多到數不清的選擇：網路聊天室、點擊開啟聊天功能、知識庫、步驟指南、電子郵件、點擊開始通話功能、互動或虛擬客服中心、線上支援社群等諸如此類的選擇。反正選擇愈多愈好，對吧？我們調查的公司就有高達八〇%的比例表示，最近正在既有服務管道中增加自助服務的選項，不然就是增加全新的服務

圖2.10　企業對於顧客管道偏好改變的反應

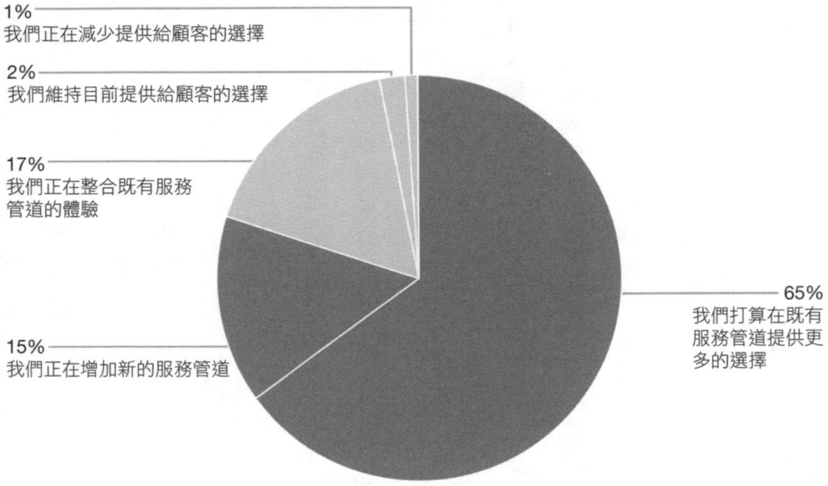

樣本數：120家公司
資料來源：CEB公司（2013年）

管道（見圖2.10）。大多數企業都把選擇當成好事，但是事實證明這個假設根本是錯的，這樣想反而讓企業費用增加，還對顧客忠誠度造成不利的影響。現在，花點時間想想，顧客造訪客服網站在還沒開始解決問題前，通常就要面對二十五到五十個選擇（常見問題集、電話選項、聊天選項、選項中的選項）。而且對大多數企業來說，這個數字還在持續增加中。

顧客在線上解決問題時要面臨這麼多的選擇，這件事讓我們更想深入了解，為什麼顧客無法在網站上找到所需資訊。在進行這項分析時，我們也請最近跟企業有過線上互動的顧客，參與一系列小組座談會。當我們請這些顧客描述他們跟企業自助服務網站的互動體驗時，結果卻讓我們跌破眼鏡。以下我們直接引述顧客的一些說法：

「我覺得自己在網站上逛了很多地方想找到解答……而且我真的不知道該從哪裡找起。」

「我花了二分鐘看完全部選項，看完後卻一頭霧水。」

「我不知道該從哪裡開始看起。」

「我覺得他們的網站太複雜了，看得好吃力。」

調查結果清楚地告訴我們，顧客在解決問題時面臨的選項，原本是企業想改善顧客體驗才增加的項目，但是這些選項反而讓顧客分心。所謂「選擇的弔詭」（the paradox of choice）就能說明此事：「我們在做決定時面臨愈多選擇，就愈沒辦法做出明智的決定。」史丹佛大學研究人員進行的一項經典研究就證實這種效應。研究人員提供多種口味的果醬供顧客選擇，藉此觀察人們在可供選擇的數量增加時如何進行挑選。結果在所有情況下，商品架上陳列的果醬口味愈多，賣出的果醬數量就愈少。把果醬口味種類減少後，銷售量就增加了。[1]在一份記錄詳實的個案中，消費用品巨擘寶僑家品（Procter & Gamble）把旗下海倫仙度絲（Head & Shoulders）這個品牌的產品種類減半，銷售量馬上激增一〇%以上。[2]這個例子清楚地告訴我們：選擇更多反而讓決定更費力，對顧客和企業來說都不是好事。

擺到顧客眼前的所有選擇，其實只是讓服務管道問題更加惡化。

圖2.11 顧客對問題解決方式的偏好（簡易程度與服務管道選擇之對照）

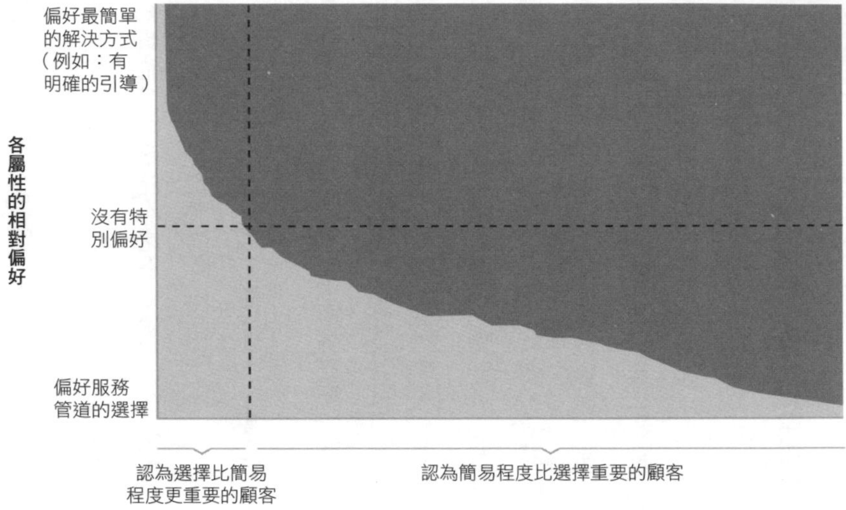

樣本數：996名顧客
資料來源：CEB公司（2013年）

而且，這種情況並非只局限於我們舉辦的小組座談會，就連我們後續進行的一項調查也證實，顧客跟企業互動時寧可少些選擇，多些引導。顧客認為最棒的服務是，企業引導他們到最省力的服務管道和選項，讓他們輕鬆解決自己的問題，就算那不是顧客首選的服務管道也無所謂（見圖2.11）。

根據我們的調查，省力這項因素一舉打敗服務管道的選擇。我們發現有高達八四％的顧客表示，只要問題能儘快又輕鬆地解決掉，他們願意接受引導，採用能達到這種成效的最佳選項。只有一六％的顧客偏好特定服務選項，大多數顧客幾乎都能接受自助服務或任何服務管道，只要他們相信那個選項能創造更迅速簡便的問題解決體驗。「引導」體驗這個概念，也在我們舉辦的小組座談會中引起共鳴。就像其中一位與會者說的：「把事情變簡單，企業的職責就是告訴我該做什麼，我不想浪費自己的時間。」

不過值得注意的是，雖然顧客在服務互動時願意接受引導，這並不表示企業應該告訴顧客做什麼。人們比較希望自己能選擇做事的方式，選擇幾乎可以視為基本人權。但是我們發現，講到偏好就出現兩種截然不同的類別。我們把這種情形比喻成「大偏好」與「小偏好」之間的差別。大偏好是顧客的最終偏好，是他們最重視的偏好，以客服這個例子來說就是「把我的問題解決掉」。小偏好指的是，如果企業提供一些選擇讓他們考慮，並要求他們從中擇一，那麼顧客表明自己要的那個選擇，就是我們說的小偏好。

舉個例子說明這項差異，我們詢問小組座談會與會者最喜歡哪種客服管道時，有一名與會者馬上回應：「我最喜歡利用聊天室，我希望企業提供線上聊天室，讓我直接跟客服人員溝通。」但是，當我們問到他在客服方面最關心什麼時，這位與會者馬上脫口說出：「迅速簡便的服務。」由此可知，迅速簡便的服務就是顧客的大偏好，線上客服聊天室則是他的小偏好。換句話說，如果有更好的方式解決顧客的問題（例如：更迅速簡便的方式），即使顧客表明自己喜歡線上客服聊天室，最後還是樂意採用其他更好的方式。

講到解決服務問題，有八四%的顧客真正想要的是，把問題解決掉，這是顧客的大偏好。但是顧客仍舊表示他們在如何取得那項成果時，想要有某種程度的掌控（這就是小偏好）。

現在我們知道，顧客有大小偏好，也想要企業引導他們到最佳服務選項，要怎麼做才能讓兩者協調一致？結果，我們發現告知顧客和引導顧客之間，有一個微妙卻重要的差異。以這個情境做說明：想像你在一個從沒到過的陌生城市，你想吃一頓美味可口的海鮮大餐，你請入住飯店櫃台人員推薦。這時，你可能會聽到下面這三種回應，你覺得哪一種回應最貼切？

- 「沒問題，有一家餐廳很棒，我現在馬上叫車送你過去。」
- 「這張紙上列了六家海鮮料理都很棒的餐廳，也有每家餐廳的資料，如果還有什麼問題，請跟我說。」
- 「我很樂意協助，但請先告訴我，晚餐的性質是家庭聚餐或商務晚宴？好的，我知道您的需求了，這樣的話我會建議您這兩家餐廳，不過我自己最喜歡的是第一家餐廳。」

幾乎大多數人都會挑選第三個選項，櫃台人員基於你個人特定情況做出的推薦，同時也讓你保有一些選擇。

企業為了解決顧客問題，而提供顧客從電話、網路、電子郵件、聊天室、常見問題集等種種選擇，但是你怎麼可能期望顧客依據自己遭遇到的問題，挑選正確（最省力）的選擇？有些問題透過網路自助服務可以既迅速又省力地解決掉，有些問題比較複雜，需要跟客服人員直接溝通，才能花最少力氣解決問題。沒有哪一種服務管道是一體適用的最佳客服管道，但是大多數企業卻把這個難題丟給顧客，讓顧客自行選擇，以為顧客重視選擇多過對省力體驗的看重。

如同某家大型消費技術企業資深副總裁跟我們說的這段話：「顧客想要用**自己**的方式解決問題，所以我們必須盡可能提供更多選擇和管道，讓顧客自己決定怎樣做最好。這一點讓服務組織更難做事，但是把選擇的權利交給顧客，就是目前服務業的現況。」這樣想簡直大錯特錯。根據我們的調查，八四％的顧客告訴我們，他們只想把問題解決掉，根本**不在乎**選用什麼客服管道，他們只希望問題趕快消失不見。如果你詢問顧客偏好哪種客服管道，或許他們說自己比較喜歡線上聊天、電子郵件或其他網路選項。但是，如果他們知道自己遭遇的特定問題，直接致電客服會更快更容易解決，他們一定樂意這樣做。以這個例子來說，對大多數顧客而言，使用自助服務就是小偏好，但是迅速簡便的解決（不管透過什麼管道）就是大偏好。

所以，選擇並沒有我們預期的那樣有影響力。相較之下，引導顧客取得最省力的解決方式，反而比提供顧客眾多客服管道選擇，更可能減少顧客流失，創造最棒的服務體驗。

企業可以運用各種方式引導顧客，其中有一些方式的效果較佳。我們針對這四種常見做法進行測試：

1. **企業問題式引導**。企業依據本身如何分類問題，例如：帳戶資訊、索取帳單、訂單狀態或退貨，來提供選項給顧客。

2.管道式引導。企業依據顧客想要使用的服務管道或線上工具提供選項。

3.同儕建議式引導。企業依據有類似要求的顧客通常會怎麼做來提供選項。

4.顧客任務式引導。企業依據顧客進行服務互動的意圖或需求來提供選項。這類選項是以顧客觀點為出發點，比方說：「如果你遇到這個問題，你應該透過電子郵件跟我們聯絡。」

根據我們針對上述四種方法的測試，顧客表示在六六％的狀況下，任務式引導是最省力的解決方式，相較之下企業不提供任何引導解決問題的成功率只有二〇％（見圖2.12）。然而，大多數企業提供的服務方式通常都沒有任何引導。

萬事達卡公司（MasterCard）採用的引導解決網站，是我們見過最棒的任務導向解決網站之一。該公司的客服支援網站就是以簡單好用為設計宗旨，網站並沒有提供讓顧客目不暇給的選擇，而是提供數量有限的選擇，並把幾個主要選項突顯出來。

萬事達卡公司這個客服支援網站的運作，就像該公司的「虛擬接待大使」一樣：這個網站會根據你說的話，引導你到最省力的途徑（見圖2.13）。網站會先要求顧客選擇自己跟萬事達卡公司的關係屬性，是持卡人、發卡機構或商家。接著網頁上的下拉選單會出現幾個問題，這些問題用讓顧客清楚易懂的任務導向用語撰寫。當顧客選好特定問題，系統就再問一個更深入的問題，

圖2.12　客服管道引導策略的相對效益

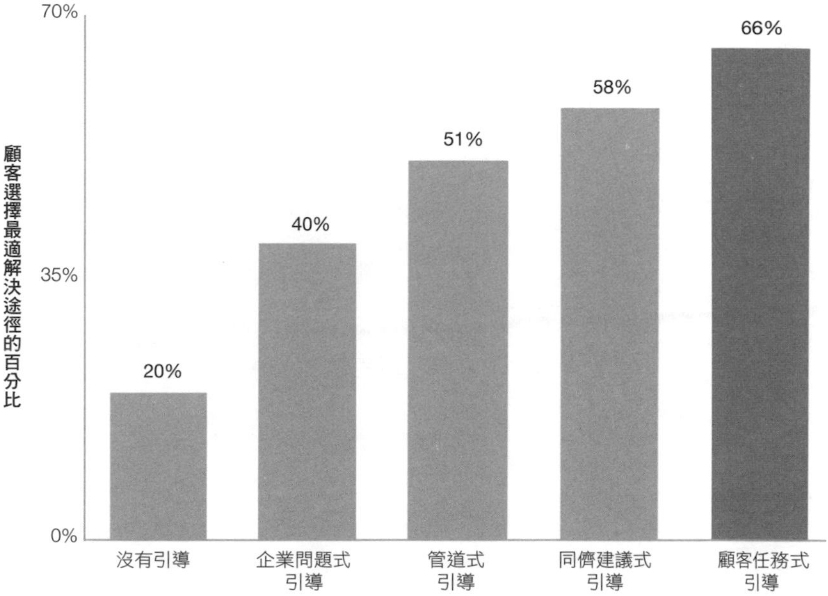

樣本數：996名顧客
資料來源：CEB公司（2013年）

縮小顧客問題的範圍，然後引導顧客到能創造最省力服務的管道。有時，系統可能將顧客引導到線上聊天室跟客服人員溝通，有時則是將顧客引導到「常見問題集」就足以解決顧客的問題，有時則是催促顧客趕緊致電客服中心。萬事達卡公司從這項實務得知，**選擇客服管道不是問題，顧客的問題才是問題。**

萬事達卡公司利用這個新介面，大幅降低顧客費力程度，還讓顧客寄來的電子郵件數量減少三〇%。此外，萬事達卡公司表示，這樣做更明確地區分問題的難易程度，較複雜的問題就交由電話客服人員處理，因此顧客轉換服務管道

圖2.13　萬事達卡公司客服支援網站示意圖

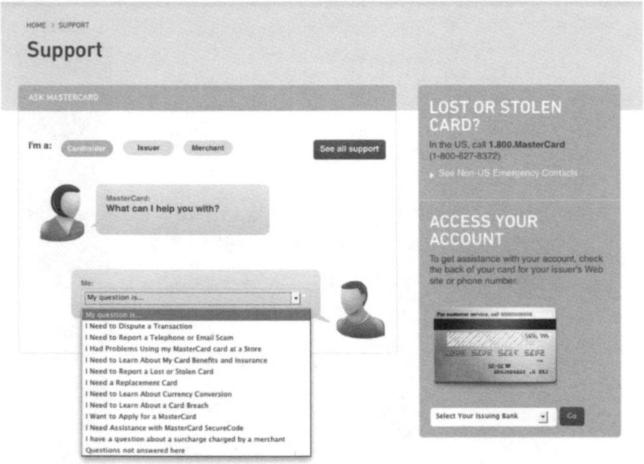

資料來源：萬事達卡公司、CEB公司（2013）

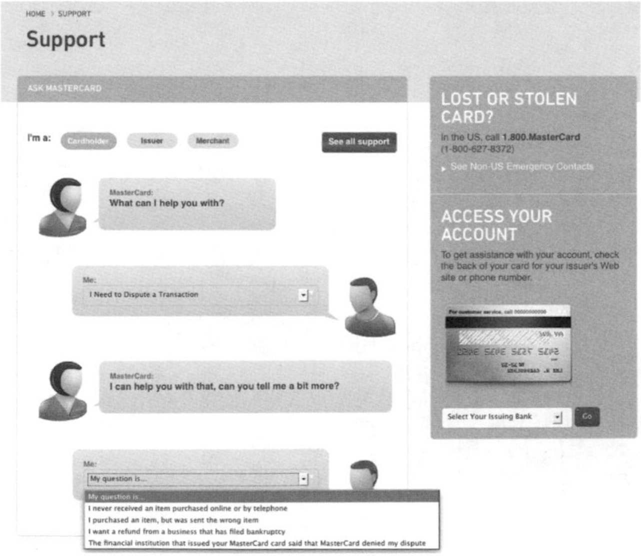

資料來源：萬事達卡公司、CEB公司（2013）

的情況也大幅減少。這項實務為該公司帶來的成效是，需要跟電話客服人員通話者就致電客服中心，想自助服務的顧客可以在線上輕鬆解決問題。

萬事達卡公司的例子讓人印象深刻，因為只要利用最簡單的HTML網頁就能完成。這種網頁不需要一大堆附加功能介面，或要仰賴智慧型搜尋引擎或其他花錢的方法才能引導顧客。只要在企業原先已經提供的功能、選擇和選項上加一個網頁，協助引導顧客取得最迅速簡便的途徑解決本身的問題。想想先前我們為本章設定的目標——不必投入龐大資金就能讓每十名顧客有二名顧客不必轉換客服管道——萬事達卡公司這樣做，顯然已經達成目標。

亞馬遜網站（Amazon.com）把萬事達卡公司的做法做更進一步的延伸，堪稱是引導顧客完成服務互動的另一個絕佳實例。跟萬事達卡公司不同的是，亞馬遜網站針對顧客問題建議最佳管道，最後還讓顧客有一些選擇。想想先前提到請飯店櫃台人員推薦晚餐餐廳那個例子，亞馬遜網站的做法就很類似那樣。顧客先選出想詢問的訂單，然後從跟萬事達卡公司類似的下拉選單挑選想問的問題。系統依據顧客挑選的問題，做出服務選項推薦（見圖2.14）。如果有自助服務選項可用，通常都能減少顧客轉換服務管道。但是針對亞馬遜網站知道不太可能在線上解決的較複雜問題，網站就會建議顧客致電客服中心、利用線上聊天室或電子郵件聯繫，讓顧客能享受到不費力的服務體驗。

或許有人認為，亞馬遜網站建議顧客致電客服中心或利用線上聊天室，等於是鼓勵顧客轉換

圖2.14　亞馬遜網站客服支援網站示意圖

資料來源：亞馬遜網站、CEB公司、CEB顧客服務領導會議（2013）

服務管道。但事實上，這樣做顧客就不必費心自助服務，最後逼不得已才致電客服中心，所以等於是幫顧客省下不少力氣。就像亞馬遜網站入口網頁的說詞一樣：「據您所說，您的問題有點棘手。我們建議您趕快致電客服中心，這樣對您和我們來說都會更省事。」這就是引導顧客並提供些許選擇的最佳實例。

　　亞馬遜網站的建議做法突顯出大多數服務

主管已經知道這件事——不同類型的問題，有不同的最佳解決管道。但是跟大多數企業不同的是，亞馬遜網站讓顧客一眼就看到這一點。為了協助企業迅速考量自助服務這個管道可以（應該可以）解決哪些問題，我們在本書附錄A詳述「問題—管道對應」工具。我們設計這套工具是想協助企業評量常見問題類別，判斷哪些管道最適合解決這類問題。另外，企業也可以利用這項工具做為準則，讓服務企業領導人、高階主管和資深客服人員共同參與研討會，這類討論中也會出現一些機會，讓企業知道如何著手引導顧客。我們給大家的忠告是：設法找出解決某些問題的最佳管道通常是一大挑戰。企業反而該好好想想，對最常見的問題來說，哪個管道**最不適用**，然後務必讓顧客別貿然選擇那個管道。記住，選擇客服管道不是問題，顧客的問題才是問題。

貝爾金公司（Belkin）旗下的Linksys就是採用這種管道評量做法的組織之一。他們自己進行類似的分析，根據分析結果做出大膽決定，把電子郵件支援功能徹底取消。該公司領悟到不管解決任何問題，電子郵件這種方式的效率都很差，通常也需要郵件多次往返才能把問題解決掉。CEB公司的資料證實這一點：平均來說，企業必須寄送二・一四封電子郵件才能解決問題，利用電話客服卻只要花一・五五通電話就行（見圖2.15）。**這表示對大多數企業而言，其實用電話服務顧客比用電子郵件服務顧客更省錢。**

Linksys明白只有一小比例的顧客偏好電子郵件，而且利用這種方式幫顧客解決問題通常最糟不過。所以，Linksysy的團隊乾脆把電子郵件支援功能全部取消。雖然這未必是引導顧客的一

圖2.15　不同管道解決問題的實際成本：電子郵件與電話客服的對照

企業對企業以電子郵件解決顧客問題時，每封電子郵件的平均成本

人力成本：	$2.19
資訊科技／資本：	$1.39
經常開銷：	$2.63
解決問題平均聯絡次數：	2.53
電子郵件解決問題的總平均成本	**$15.72**

企業對企業以電話客服處理顧客問題，每通電話的平均成本

人力成本	$1.66
資訊科技／資本：	$1.39
經常開銷：	$2.63
通訊費用：	$0.26
解決問題平均聯絡次數：	1.50
電話客服解決問題的總平均成本	**$8.91**

不管是透過電子郵件或電話客服解決問題，平均聯絡次數都是影響成本的最重要變數。平均來說，這讓透過電子郵件解決問題的成本比電話客服的成本貴上七六%。

資料來源：CEB公司（2013）

個例子，卻是主動為顧客剔除不當選擇的絕佳實例。而且，雖然這樣做一開始會引起顧客反彈，但是反彈聲浪很快就會平息（主要是因為偏好電子郵件的顧客很快就知道，轉換客服支援管道反而對他們有利）。這項舉動為企業和顧客創造雙贏局面：最後，顧客找到讓自己獲得更棒支援體驗的方式（見圖2.16），也讓問題得到更迅速簡便的解決；而Linksys也把這個最花錢的服務管道去除掉，讓本身因此受惠。

類別2：顧客找到資訊但資訊含糊不清

轉換管道的第二大類別發生在，顧客找到看似有用的資訊，卻發現自己不知所云。這個問題雖然會造成很大的困擾，卻很容易

圖2.16　Linksys淘汰電子郵件支援管道的過程

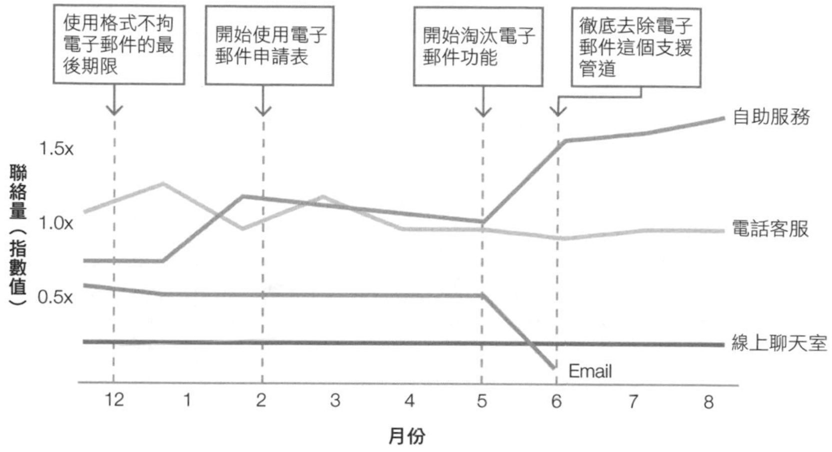

資料來源：Linksys、CEB公司（2013）

解決。在大多數情況下，問題癥結就是企業用語（company-speak），企業用一些特定行業或企業的專業術語，顧客根本很難理解。而且，當顧客正想趕快解決自己的問題時，卻看不懂網站上寫些什麼，他們只好點選「跟我們聯絡」這個按鈕，最後就致電客服中心。

現在，你該問問自己：貴公司的服務網站是否確實反映出團隊成員和各部門在會議時討論的事，以及跟那些事有關的弦外之音？現在請想想看，對貴公司不太了解的一般顧客（不是老顧客，而是新顧客），看得懂貴公司的網站內容嗎？服務網站內容的措詞用語，尤其是跟服務功能相關的幾個連結網頁，能讓新顧客清楚明瞭嗎？可能的情況是，貴公司的網站內容讓內部員工看得懂，卻讓外人看不太懂。

以下這個有趣練習有助於說明我們在講什

麼。一九五〇年代時，甘寧法克指數（Gunning Fog Index）這個語言適讀性計算器問世。六十幾年後，這個工具仍舊是檢查語言適讀性的實用標準。這項指數的分數代表讀懂文字所需的教育程度。通常，常用多音節單字和較長語句的分數就比較高。我們就以美國前財政部長提摩西・蓋特納（Timothy Geithner）在擬定法規修訂細節時，向國會做的報告為例：

「為了讓大多數機構、重要支付與清算制度及相關活動都能維持系統性的穩定，我們打算設立一個機構。」

這段話的甘寧法克指數分數是二十四分，也就是你必須唸二十四年書才看得懂蓋特納在講什麼。其實，蓋特納當初可以這麼說：

「設立一個機構以確保銀行穩定運作並遵守法令。」

經過修改後，這句話的甘寧法克指數是八・五分。

美國休閒旅遊網站旅遊城市（Travelocity），就是主動改善自助服務網站內容的企業之一，努力提高網站內容的適讀性。旅遊城市網站的常見問題集和其他許多服務，集結該公司不同部門與個別員工多年來撰寫的支援資訊。當該公司開始擬定計畫減少來話量，改善本身線上體驗時，公司很快就察覺到許多顧客打電話來，是詢問網站上或常見問題集中早就列出的資訊。但是常見的情況是，資訊撰寫方式讓顧客不知所云，只好打電話詢問。舉例來說，旅遊常客可能知道「被迫轉機」或「超售」是什麼，但是一般人卻有看沒有懂。因此，旅遊城市網站設法改善自家網站，擬定提高網站黏著度的十大準則。我們列出其中幾項供大家參考：

準則1：用字措詞要簡單明瞭。旅遊城市網站訂定目標，希望所有客服支援（常見問題集）網頁的甘寧法克指數都在八到九之間。換句話說，網站內容就能讓大多數顧客看得懂。這樣做並不是要讓語言通俗化，而是要讓顧客瀏覽資訊時更易讀易懂，畢竟大多數人在網路上都是這樣瀏覽資訊。要做到這樣，就必須把複雜難懂的多音節單字拿掉，把冗長的句子修改成較短的句子。

準則2：去除無效搜尋結果。對企業來說，這是最快獲得成效的一種做法。旅遊城市網站先審視查無結果（顧客經常查無回應的搜尋）和關聯性低的搜尋清單。該公司很快就發現顧客使用的字詞跟該公司常用的字詞不同，比方說：如果顧客以「旅行箱」（suitcase）這個字做搜尋（想知道他們搭郵輪可以帶多少件行李），卻查無搜尋結果。這些顧客會認為旅遊城市網站的自助服務很差，最後通常覺得自己別無選擇，只好打電話詢問客服人員。不過，如果顧客用「行李」（baggage，這個旅遊業比較常用的字詞做搜尋）就會被引導到正確的回應。後來，旅遊城市網站把用字簡單化，並重新更改搜尋字串以符合顧客搜尋用語，就讓查無結果的搜尋次數大幅減少。

準則3：將相關資訊形成有意義的單位。意元集組（Chunking）是指把相關資訊集結起來，形成一個有意義的單位，以空白跟其他文字區分開來，讓讀者可以更容易瀏覽。以前，旅遊城市網站的服務網頁和常見問題集，內容編排密密麻麻，常讓顧客看得一頭霧水，最後只好致電客服中心。後來善用空白把問題區分開來，更符合大多數顧客瀏覽線上資訊的方式，協助引導讀者到正確的網頁內容區域，順利把自己的問題解決掉。

準則4：避免專業術語。旅遊城市網站小心檢查本身造訪率最高的網頁和常見問題集的內容，把內部用語和航空公司及飯店業者的行話，以及常讓一般顧客不知所云的字眼通通拿掉。舉例來說，想知道如何預訂多段機票的顧客，未必知道「開口票行程」（open-jaw itinerary）是什麼，所以他們會打電話跟客服人員弄清楚那個字是什麼意思。（提示一下：貴公司可以把剔除網頁難懂術語這件事交給新進員工去做，因為他們可能還不太了解公司內部常用的術語）。

準則5：採用主動語氣。旅遊城市網站發現，主動語氣比較適合線上閱讀。馬上做個小實驗就知道，看看下面這兩句話，哪一句比較容易懂？

- 「航空公司針對預先劃位的政策各有不同。」
- 「預先劃位政策會依據航空公司而異。」

這兩句話講的是同一件事，但是第二句話是以主動語氣撰寫，主詞採取行動（被動語氣發生於主詞受到動作的影響）。以上面這個例子來說，「預先劃位」就是主詞。人們在瀏覽文字時，主動語氣的句子讓人比較看得懂。

旅遊城市網站善用這些準則，讓顧客享受到更簡單、更不花腦筋的線上體驗。其實，這些管理網站內容的準則都不是什麼新奇做法，可惜能把這些準則應用在自家服務網站的服務組織卻少之又少。雖然旅遊城市的服務網站看起來未必很吸引人，但內容卻簡單、清楚、明瞭；而且團隊的努力也讓跟網站內容相關的來話量減少五％。所以，你也可以依據這五項準則，評量自家公司的網站，看看現況如何。企業也可以從網路上搜尋，就會找到許多像甘寧法克指數這類檢查網頁內容適讀性的工具。找到適合的工具後，就從網站首頁及顧客最常造訪的網頁開始檢查，我們相信你一定會找到許多機會，做些小改善就能有大收獲。

類別3：顧客只是到網站查看企業電話號碼

至於只是到網站查看企業電話號碼那三二％的顧客，該拿他們怎麼辦？他們只是把貴公司網站當成電話簿。這個轉換管道的最後類別顯然最難改善，但是對於只想從網站取得電話號碼的顧客來說，企業還是可以做一點事讓這些顧客不太費力地參與，又能得到有效率的結果。

我們最常被問到的問題或許是，企業究竟該不該在服務網站上把電話號碼放在不顯眼處，甚至乾脆把電話號碼隱藏起來。沒錯，在網站首頁刊登電話號碼，等於不鼓勵顧客參與自助服務互動。不過我們的建議是，激勵顧客使用自助服務，比過度遏止顧客使用電話客服要好得多。原因很簡單：大多數企業都還沒有做到本章討論的準則，比方說：引導顧客、釐清用語、甚至是了解當初究竟是什麼原因造成顧客轉換客服管道。在沒把這些事情做好前就把電話號碼從網站上拿掉，等於讓顧客更費力跟企業互動。而且，已經做好上述事項的企業通常會跟告訴你，把電話號碼擺到企業網站不顯眼處根本沒有必要。如果你提供顧客省力的自助服務體驗，就算顧客最後必須致電客服中心，至少不會像被迫轉換客服管道時心裡不舒服。

至於不顧一切就是要打電話的那一大群顧客，我們的資料（和常識）告訴我們，他們最後還是可以拿起電話。但事實上，他們當中有許多人繼續留在網站上。所以，儘管這些人一開始只是到網站找電話號碼，但你應該可以留住其中一些人使用網站的自助服務。還記得我們為本章設定的目標吧：讓每十位顧客中，有二位顧客不必轉換客服管道。

一個簡單的做法就是：只要把顧客最常問的問題擺在網頁最醒目的區域並加註連結。把這些連結放在服務網站主頁，或是放在企業電話號碼標示處的旁邊。你會驚訝地發現，原本這些要致電客服的顧客，最後竟然利用自助服務把問題解決掉。附帶一提，另一個簡單做法就是，只要把「跟我們聯絡」這個連結，從網頁右上方移到右下方（分隔線下方），也可以達到類似的功效。我們在小組座談會時聽到顧客這麼說，通常他們會把網頁右下方這個區塊當成「廣告區」，除非真想查看電話號碼，否則大多數人都不會注意這裡。

先前我們提過Linksys，也想出一些妙招順利誘導顧客採用自助服務。該公司小心設計網頁用語，巧妙吸引可能致電客服的顧客到不同的自助服務選項。這種做法跟萬事達卡公司或亞馬遜網站那種主動引導不同，而是吸引顧客遠離電話號碼頁面，鼓勵顧客試試自助服務。

多年來，Linksys投資新的自助服務科技，從知識庫到線上論壇再到互動式導覽。諷刺的是，這些科技都無法影響因為轉換客服管道產生的來話量。「功能做好了，人潮就會來」這句俗話在這種情況下根本不適用。聰明的Linksys公司領悟到，顧客群中有特定區隔，也就是被他們暱稱為「菜鳥」的新顧客，最可能捨棄自助服務，直接致電客服中心。

Linksys判斷符合菜鳥資格的顧客通常不太了解產品，所以需要很多的指導。難怪，這群人會以致電客服為首要選擇。但是Linksys知道菜鳥需要了解產品，網站上的知識庫就能為這類顧客提供清楚的引導。於是，Linksys利用「簡單」、「按部就班」和「使用提示」等字眼，說明網站上的知識庫，吸引菜鳥到他們的自助服務管道。後來，Linksys把這項實務擴大到其他使用區隔，像是「大師」這類精通產品的高手級顧客，他們通常喜歡跟其他大師交流。Linksys運用精心設計的措詞，以「聯繫」、「學習」和「其他體驗」這類字眼吸引這些顧客到他們建構的論壇。再次以簡單的小改變，避免顧客轉換服務管道。

所以，Linksys做的這些小改變奏效了嗎？確實奏效了。該公司在三年內，就把透過自助服務解決的客服案件比例，從二〇%提高到八五%的驚人比例。而且在同期內，顧客在該公司支援網站上的平均停留時間，也從三十秒大幅增加到六分鐘，等於讓管道黏著度大大提高。不過，這些成效不是光靠這項出色的提案，Linksys確實投入時間和精力，好好改善管道黏著度。

我們經常發現，想在企業網站上隱匿電話號碼的企業，根本就問錯問題。當他們能夠做好本章討論的這些改變，才能考慮「隱匿電話號碼」這麼極端的做法。

最後，我們把本章的重點概述如下：大多數顧客起初使用網站的自助服務，最後因為某種原因不得不轉換客服管道，致電客服中心尋求協助。其實大多數企業根本不需要花大錢或大規模改造流程作業，就能讓每十位顧客中有二位顧客不必轉換客服管道，同時替顧客省力也為企業節省營運成本。那才是**顧客真正想要的**。

但是，當顧客**真**的致電客服中心會發生什麼事？一流企業如何在電話客服作業上為顧客省力？別忘了我們探討的主題是，企業如何利用輕而易舉的簡單事項來替顧客省力，這也是我們接下來要好好討論的重點。

重點摘要

◆大多數顧客都樂於使用自助服務。雖然大多數服務主管認為，顧客比較喜歡由客服人員提供服務，不太喜歡自助服務；但事實告訴我們，顧客其實比較喜歡自助服務，而且大多數類別和年齡層的顧客都是這樣。

◆重點不是讓顧客試著採用自助服務，而是讓顧客繼續採用自助服務，不必轉換服務管道。企業客服中心的來話量中，有五八％的比例是顧客原本使用企業網站的服務卻無法解決問題，最後只好致電客服中心尋求協助。

◆把自助服務體驗簡單化，就是減少顧客轉換服務管道的關鍵。大多數服務網站無法發揮功效，不是因為網站欠缺功能和內容，而是因為功能和內容太多了。卓越企業懂得積極簡化自家網站，主動引導顧客到最能幫顧客解決問題的服務管道（而不是鼓勵顧客自行選擇）。

第三章

客服最問不得的蠢問題

「請問您今天的問題都解決了嗎？」電話客服人員最後常會這樣問顧客。他們受過訓練要這樣問，品保經理在巡視客服中心時也會留意他們有沒有這樣做，而且客服中心也有標示牌提醒客服人員，他們的職責就是幫顧客把問題徹底解決掉。但是，這個問題或許也是客服人員最問不得的蠢問題。問題本身倒沒什麼好擔心的，讓人擔心的是問題引發的直覺反應——「嗯，我認為應該都解決了吧……」。這種反應會讓客服人員急著結束電話，趕緊接聽下一通電話。但是根據調查資料顯示，原本認為問題已解決的這些顧客，幾天後大都再打電話進來，因為他們的問題其實並沒有完全解決掉。

我們都遇過下面這類情況：

「我照著昨天客服人員跟我說的，希望錯誤訊息不會再出現，起初這樣做好像行得通……但現在卻出現另一個錯誤訊息。」

「我剛打開發票，我本來以為上週打電話問過的一筆款項已經修改了，但是從發票上我看不出來究竟是怎樣……」

「你們公司跟我說，我很快就會收到退款支票，但是已經三天了，我還沒收到支票，我想最好再確認一下。」

所以，客服人員詢問「請問您今天的問題都解決了嗎？」，根本就落入俗套，顧客不知道自己掛完電話以後會發生什麼事。而且跟顧客相比，企業對於顧客想解決的問題當然有更清楚的了解。所以向顧客詢問他們的問題是否都解決了，這樣根本不公平。畢竟，顧客怎麼知道問題有沒有都解決了？沒錯，顧客致電客服的外顯因素似乎解決了，但是相關問題、次要問題或可能引發的其他問題通常還是繼續存在。顧客根本不知道有這些內隱問題存在，等到這些問題出現了，他們只好一直打電話到客服中心詢問，結果情況當然遠超過企業原本的預期。

如同第一章的討論，依據影響程度來說，再三接洽是讓顧客費力的最大因素。因為問題沒有徹底解決掉，顧客必須一直打電話向公司詢問，就是破壞顧客體驗的不利因素。而且，這件事也讓企業付出昂貴的代價，隨便找一位服務主管來問就知道。難怪現在大多數主管都全神貫注於

圖3.1　一次解決率：企業表述與顧客表述的對照

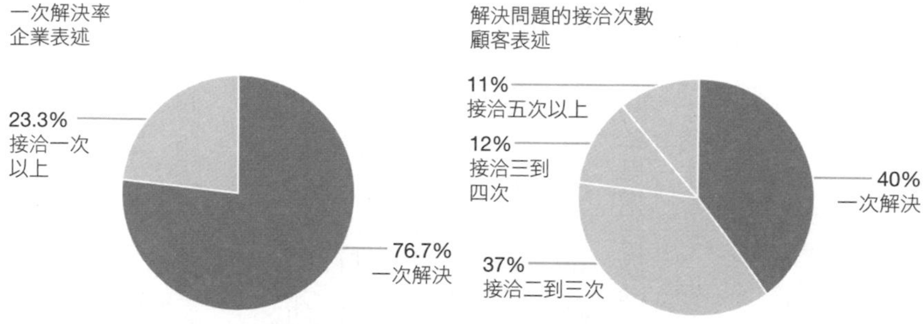

樣本數＝111家公司　　樣本數＝63,060位顧客

資料來源：CEB公司（2013）

「一次解決」這種服務概念，主管們百思不解：「為什麼我們不能在顧客第一次跟我們接洽時就做得更好，把問題解決掉」。大多數服務組織都對「一次解決率」這種評量方式相當著迷，因為這種方式能協助企業評量這方面的績效。一次解決率這個概念簡單易懂：客服人員有解決顧客的問題嗎？如果有，這通電話就被視為工作完成，我們就會在一次解決率的格子上打勾。

企業經常吹噓自己的一次解決率有七○%到八○%，甚至還更高。在全盤考慮的情況下，這樣講聽起來好像還不錯。這表示企業只有二○%到三○%的問題不能一次解決，也就是說企業在這方面已經做得相當好。但是當你詢問顧客，企業在這方面做得如何，得到的答案卻截然不同。一般說來，顧客表示他們的問題在第一次跟企業接洽就解決掉的比例只有四○%（見圖3.1）。換句話說，顧客跟企業對於問題實際解決的認知，通常還有三○%到四○%的差異。在那些情況下究竟發生什麼事？你心想：顧客再次致電客服時通常很洩氣。現在你知道了，如果企業沒有一次解決顧客的問題，至少會讓顧客覺得服務互動很費力，讓企業承受不必要的成本，也導致顧客流失，甚至讓顧客在臉書、推特和LinkedIn上面公開自己遭遇的惡質體驗，並對企業大肆批評。

當服務主管頭一次聽到，企業自己追蹤的資料跟顧客實際的體驗有這種出入時都驚訝地說：「那跟我們公司的統計圖表所顯示的結果不一致！你們是怎樣評量這個項目？顯然，你們的方法一定有錯。」但是，我們根據研究發現：就算服務組織的一次解決率達到一〇〇%，還是無法在避免顧客重複來電這場仗上獲得勝利。問題不在於資料有差異，而在於大多數企業對於問題解決的看法，跟顧客實際的體驗有出入。

讓大多數服務主管傷腦筋的是：「為什麼我們沒辦法在顧客第一次跟我們接洽時，就把問題解決掉？」但是，真正讓他們傷腦筋的問題應該是：「是什麼原因讓顧客必須再打電話給我們？」其中的差異相當微妙，但卻重要至極。前面那個問題著重在企業為什麼無法解決顧客明確陳述的問題；後面那個問題也著重前面那個問題的著眼點，但還著重這個關鍵問題──讓顧客必須再次致電的其他因素。

結果，一次解決率這個概念無法說明造成顧客再次致電的其他相關問題。沒錯，顧客照著客服人員的指示，當下好像把問題解決掉了，所以大多數企業認為，顧客的問題解決了。但是隔沒幾天顧客登入自己帳戶後，又出現其相關錯誤訊息，該怎麼辦？雖然帳款已經入到顧客帳戶，問題看似解決了，但一週後顧客又打電話來，想弄清楚帳單上「按比例分配帳款」（prorated credit）是什麼意思。發生這類情形時，企業跟顧客可能以為問題解決了，但是幾天後顧客還是必須致電客服。

大多數企業只考慮到解決問題的外顯層面，只想到自己是否解決顧客陳述的問題，卻完全沒有注意到問題的內隱層面。然而這些相關問題和附帶問題，通常都跟顧客原先的問題有牽連。顧客等到後續出狀況，才知道有這些問題存在。所以，顧客聽到客服人員問說：「請問您今天的問題都解決了嗎？」最好這樣回答：「我不知道我還有什麼問題該問的嗎？為了讓我三天內不必再打電話來詢問，在我掛斷電話前，還有什麼事要跟我說清楚嗎？」

內隱問題也需要解決

為了深入了解客服人員幫顧客解決問題後，顧客後續為什麼還經常再打電話來詢問，於是我們進行一個分析。藉由審視五十五家不同客服中心的來話資料，我們得以更進一步地了解，內隱問題和外顯問題如何影響顧客跟企業的接洽次數（見圖3.2）。

我們再說明一次，外顯問題是顧客原先陳述的問題。你可以把這些問題當成「問題本身顯現給顧客的狀況。」這可能是帳單出差錯或設備使用問題。顧客因為這些外顯問題重複來電，只是

圖3.2　造成顧客重複來電的原因

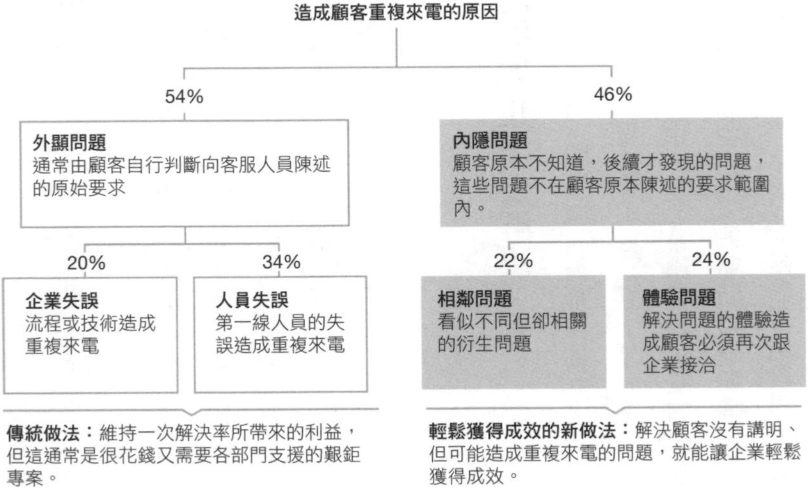
造成顧客重複來電的原因
54%
外顯問題
通常由顧客自行判斷向客服人員陳述的原始要求
46%
內隱問題
顧客原本不知道，後續才發現的問題，這些問題不在顧客原本陳述的要求範圍內。
20%
企業失誤
流程或技術造成重複來電
34%
人員失誤
第一線人員的失誤造成重複來電
22%
相鄰問題
看似不同但卻相關的衍生問題
24%
體驗問題
解決問題的體驗造成顧客必須再次跟企業接洽
傳統做法：維持一次解決率所帶來的利益，但這通常是很花錢又需要各部門支援的艱鉅專案。
輕鬆獲得成效的新做法：解決顧客沒有講明、但可能造成重複來電的問題，就能讓企業輕鬆獲得成效。

樣本數＝50家企業
資料來源：CEB公司（2013）

因為企業沒有把問題正確解決掉。而且，根據我們的分析，這些外顯問題的解決失誤約占所有重複來電的五四%。會發生這種情形其實有兩大原因，首先約有二〇%的比例是系統出了問題，讓顧客陳述的問題無法解決，比方說：帳單系統無法把款項退到顧客帳戶；或是顧客打電話進來時，系統剛好故障（或者客服人員貼在螢幕上註明帳款問題的便利貼剛好不見了）。在這類情況下，外顯問題就沒有解決掉，顧客只好再打電話進來。外顯問題無法解決的另一個原因是人員失誤，這部分占顧客重複來電的三四%。這只是人為疏失，比方說：客服人員輸入錯誤資訊或提供顧客錯誤的解決辦法。由此可知，顧客重複來電的情形中，有一半以上是因為企業沒有把顧客原先陳述的問題解決掉。

乍聽之下，這似乎是改善顧客體驗的大好機會。但是幾十年來，大多數企業早就拼命努力解決企業在外顯問題上的失誤。企業投資購置更好的系統，落實新技術以支援客服人員，還培訓客服人員以減少出錯，並且利用品質管控更多服務互動，確保過程中不會有失誤。因為外顯問題沒解決而造成顧客多次接洽，這部分當然有改善的空間，只是客服界人士大都認為該做的都做了，剩下的部分要有改善就難上加難。流程改造、六標準差方案、聘請顧問診斷、系統升級、訓練等等，這些就是大多數企業大幅降低這類重複來電所採取的做法。

相較之下，內隱問題不在顧客原先陳述的要求範圍內。這類問題是因為兩大原因而造成重複來電。首先是我們所說的相鄰問題（adjacent question），這部分占所有重複來電的二二％。這些附帶問題乍看之下好像不相關，最後卻跟顧客原先來電問的問題有關聯。相鄰問題舉例說明最容易明白。我們就拿共事過的一家保險公司發生的情形做說明：這家保險公司經常接到顧客來電，想要調低本身車險的保費。保險公司的做法就是，把自付額從五百美元提高到一千美元，這樣就能把保費調低，客服人員也在表格上標示顧客的問題「已解決」。但是幾週後，顧客又打電話進來，因為顧客申請車貸的銀行限制車險自付額最高金額為五百美元。所以，保險公司必須把原先的設定更正回來。現在，你納悶這究竟是誰的錯，但重點是顧客心裡一定覺得跟保險公司交涉簡直一團糟：「為什麼保險公司不事先提醒我，變更自付額會影響到我申請車貸？先前一定有顧客遇過同樣的問題，照理說他們應該事先提醒我才對，他們提供我這樣的服務實在太不理想了。」

再舉另一個例子說明：顧客訂購一台高畫質電視，電視準時送到顧客府上。照理說，問題一次解決了，對吧？結果，顧客不知道自己必須跟有線電視業者訂購高畫質影音轉接器。所以，顧客要再次跟廠商聯絡，只是這次是跟不同廠商聯絡。後來，有線電視業者派人來安裝時跟顧客說，需要特殊電纜線，電視才能從影音轉接器接收訊號。於是，顧客再次跟原先訂購電視的廠商聯絡。從廠商的觀點來說，這三次狀況都屬於一次解決問題；但是從顧客的觀點來看，情況卻截然不同。這位顧客必須忍受跟廠商接洽三次，才把**真正**的問題解決掉：能收看高畫質電視。這個服務體驗讓顧客受盡折磨，顧客對廠商的忠誠度當然因此大打折扣。現在我們想想看，要廠商會這種「顧客事件」負責，對廠商來說不公平嗎？或許是吧。但是，要跟只在意**自己**體驗到什麼和做何感受的善變顧客講道理，那可不是容易的事。大多數服務主管都知道像這種對顧客忠誠度不利的例子，自己公司也經常發生。

內隱問題造成顧客重複來電的第二個原因是，體驗問題，這部分占所有重複來電的二四％。通常主要是因為情緒使然，讓顧客對客服人員給的答案產生懷疑，或想再次確認自己是否取得所需的全部資訊。「為什麼當初會發生這種問題？公司打算怎麼做來避免問題再次發生？其他顧客也會受到影響嗎？」所以，顧客再打電話來想知道這些問題的答案。另一個可能的情況是，顧客就是不喜歡客服人員給的答案，顧客體驗的情緒層面相當重要也常被誤解，企業都沒有認真考慮這項因素對重複來電的影響。其實，這項因素影響力之大，讓我們決定在第四章以一整章的篇幅做說明，在此僅先就其關聯性做討論。

做得比一次解決更好

把顧客的外顯問題跟內隱問題都解決掉，這個構想就是我們說的「避免後續問題」（next issue avoidance）。從幾個重要層面來看，這個構想比企業原本重視的一次解決要強得多。傳統一次解決做法是以「一次完成」這個想法為依據，顧客打電話進來，客服人員儘快把問題解決掉，然後趕快接聽下一通電話。訓練有素的客服人員通常會自問：「我要怎樣解決這位顧客的問題？」企業在改善問題解決績效時注重的是，為客服人員去除流程障礙，讓客服人員具備工具能迅速提供資訊並解決問題。這種做法的評量重點放在，客服人員是否解決顧客在那次互動時陳述的問題。大多數服務組織都採用這類做法，只是方式或形式有所不同。

避免後續問題這種做法很不一樣，整個思維截然不同。接受訓練指導的客服人員懂得自問：「我怎樣確保這位顧客不必再打電話問我們？」（見圖3.3）。值得注意的一項重點是，避免後續問題未必要取代傳統那種一次解決的做法，而是要彌補一次解決做法的不足。

在採用避免後續問題這種做法時，客服人員不只要解決顧客陳述的問題，也要解決顧客沒有

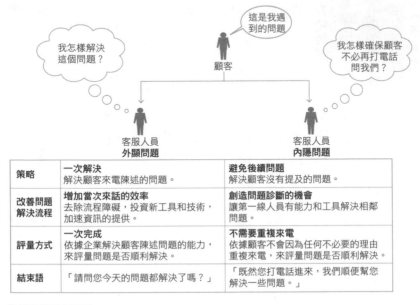

圖3.3 一次解決與避免後續問題的對照

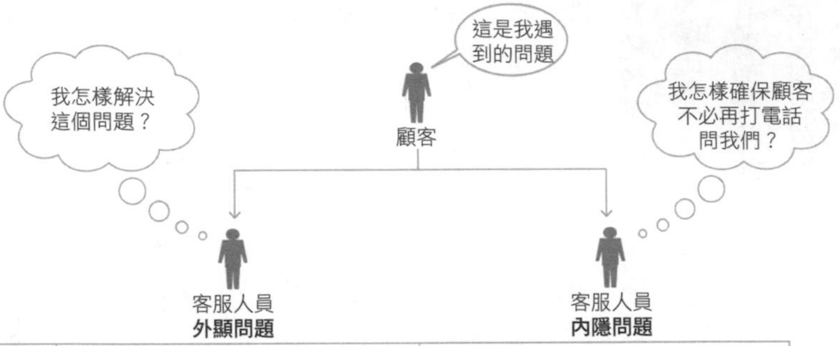

策略	**一次解決** 解決顧客來電陳述的問題。	**避免後續問題** 解決顧客沒有提及的問題。
改善問題解決流程	**增加當次來話的效率** 去除流程障礙，投資新工具和技術，加速資訊的提供。	**創造問題診斷的機會** 讓第一線人員有能力和工具解決相鄰問題。
評量方式	**一次完成** 依據企業解決顧客陳述問題的能力，來評量問題是否順利解決。	**不需要重複來電** 依據顧客不會因為任何不必要的理由重複來電，來評量問題是否順利解決。
結束語	「請問您今天的問題都解決了嗎？」	「既然您打電話進來，我們順便幫您解決一些問題。」

資料來源：CEB公司（2013）

提及但結束通話後可能遇到的問題，包括相鄰問題和體驗問題。現在，如果企業要求客服人員直接改變做法，用這種方式解決顧客問題，那就太不公平了。企業必須先提供客服人員更精準的判斷技能和工具，協助他們「預先解決」顧客後續可能遇到的問題。這種做法就像在下棋，你必須協助客服人員在棋局中多想幾步棋。所以照理來說，這種跟以往有別的不同做法不但需要不同的思維，也需要不同的評量方式，事實確實如此。除了一次解決問題還設法避免後續問題的企業，應該追蹤顧客的重複來電，把顧客在特定期間內不管基於什麼原因的重複來電都記錄下來。這部分我們會在本章後續部分再做詳述。

接著，我們就來看看哪些企業率先為自己和顧客，擬妥避免後續問題這種策略，瞧瞧他們是怎麼做到的。

把顧客問題當成事件

我們跟加拿大一家電信公司學到許多寶貴知識，了解如何把避免後續問題這種做法，變成服務組織作業運作的一部分。有一次我們跟這家公司的團隊交談時問到，他們公司最優秀的客服人員是怎樣處理顧客的問題，結果被對方糾正說不該用「問題」這個字眼，這是他們在平日用語中設法去除掉的字眼。「我們會從顧客『事件』的觀點去思考，不是從問題的觀點去思考，」該公司一名經理跟我們這樣解釋。

以這家公司客服人員每天要應付的客服電話為例，顧客訂購一支新手機，也申購服務方案。客服人員在電話上完成顧客的訂購作業，大致解決顧客的要求。但是五天後，顧客想要開始使用語音信箱，卻不記得怎樣進入語音信箱，也忘記原先申購服務時設定的密碼。所以顧客再致電客服，由另一位客服人員回覆並提供顧客所需資訊。而且，這個新問題在那次接洽時也被認定為已解決。但是再過一週後，顧客發現自己需要更多功能，但是原先申購的服務方案只有基本功能，於時顧客再次致電客服要把服務升級。後來又過了幾週，顧客拿到帳單時對新服務按比例計算的費用有問題，覺得費用好像比原先在報紙廣告上看到的還貴。所以，「拿到滿足顧客需求的手機」，這次顧客事件總共讓顧客打了四通電話。對這家公司來說，那是四次「一次解決」的狀況；但是從顧客的觀點來看，這些情況互有關聯。這家公司也跟我們表示，顧客事件平均要花二．五通電話才能徹底解決。

以「事件」觀點看待顧客問題是有幫助的，但是加拿大這家電信公司顯然想讓客服人員具備事先解決這類問題的技能。以先前客服人員處理新手機訂單和設定服務方案這個例子來說，如果客服人員設法事先解決後續可能發生的所有問題，情況會怎樣？我們認為情況應該是：客服人員開始告訴顧客怎樣使用語音信箱，這時顧客可能找張紙把客服人員講的話寫下來。雙方繼續通話，客服人員發現顧客原先訂購的服務方案可能無法滿足需求，或許有必要把服務方案升級，因此客服人員開始跟顧客推銷。這時，顧客可能聽得一頭霧水，因為客服人員開始講起第一次帳單和其中的款項。整個互動開始進入死胡同，處理時間會大幅增加。顧客根本不知道客服人員在講什麼，乾脆決定先不買，甚至打算不跟這家電信公司惠顧，因為實在太麻煩了。

這家公司知道實際運作時會有這些潛在風險，所以努力為預先解決問題設計一個簡單做法，既不會對客服人員生產力或顧客體驗造成不利影響，執行起來也相當容易。他們分析最常見的問題類型，協助客服人員判斷有什麼機會可以把相鄰問題預先解決掉。這項分析一開始先評量跟顧客原始問題相關的問題中，哪些問題最常出現。因此，該公司設計一個「問題分類」。由三位分析師工作八個月，把來話記錄、品保記錄、以及來話量和電話語音系統資料加以彙整，拼湊出全貌，設計問題解決示意圖。

雖然進行這類調查耗時費神，讓大多數企業想打退堂鼓，但是這家電信公司獲得的報酬證明，企業投入這些資源確實得到合理的回報。不過，如果貴公司目前抽不出人手進行這種分析，我們認為還有「夠好」的做法，讓這個問題對照作業開始啟動。我們喜歡把這個做法稱為「披薩啤酒法」，因為你只需要這兩樣東西，就能開始這項作業。做法是，找一小群資深客服人員跟經理在值班結束後留下來，協助公司設計問題分類。

從十種最常見的來電類型開始做起並回答這個問題：依據你的經驗，因為這個問題打電話來的顧客，為什麼必須再打電話給我們？請這群人只要思考相鄰問題，也就是顧客不是「因為之前那位客服人員把事情搞砸了」或「因為他們不喜歡之前客服人員提供的解決，想聽聽其他客服人員的意見」，所以又打電話來。請這群人找出重複來電的十大常見類型，比方說顧客打電話進來劈頭就說：「我前幾天跟另一位客服人員講過這個問題……」。貴公司取得重複來電十大常見類型的名單後，接著這個問題就派上用場：「之前跟顧客通話的那位客服人員可以怎麼做，顧客就不會再打電話來，你也就不必接聽這通電話？」這項作業的結果當然不可能面面俱到，卻能做為牢靠的起始點，讓團隊意識到避免後續問題的影響力和必要性。

這家電信公司在統整問題分類時，同時也評量這些相鄰問題有多常發生，比方說：相鄰問題發生機率只有五％，就沒有必要預先解決，如果相鄰問題發生機率在二〇％以上，就是預先解決的首要對象。換句話說，這家電信公司知道，不要浪費時間預先解決很少出現的問題，要專心解決很常出現的問題，這樣成效才會顯著。

這項分析讓這家電信公司針對預先解決問題，設計出分類示意圖，提供第一線客服人員使用。我們再拿先前那個申購新服務方案的例子，說明這家公司如何彙整分析，把預先解決這個構念應用在實務運作上（見圖3.4）。

從這個說明範例來看，這家公司的分析指出，申購新服務方案的顧客有**七五％的可能性會**針對該次事件再打電話進來。這七五％的可能性是由顧客常提及的這四個相鄰問題組成。第一個問題是，後續索取產品資訊（例如：「請告訴我目前採用的方案每個月能接收多少百萬位元（MB）的資料？」或「我想知道目前使用方案的國際電話費率。」）通常這種情況占三〇％。第二個問題是，服務方案升級，這種情況占二一％。第三個問題是帳單相關問題，這種情況占二〇％。最後則是維修服務問題，這種情況只占四％。利用這類分類示意圖通知企業系統，客服人員輸入案件資訊時，系統就能迅速提供預先解決問題的秘訣。

你可以想像得到這種實務多麼有效益，只要知道這些相鄰問題的發生機率，一切就好辦。不過，這家電信公司還增加一些相當聰明的規則，確保預先解決問題這種做法能既簡單又有效益，

圖3.4　加拿大某電信公司之重複來電分類示意圖（說明範例）

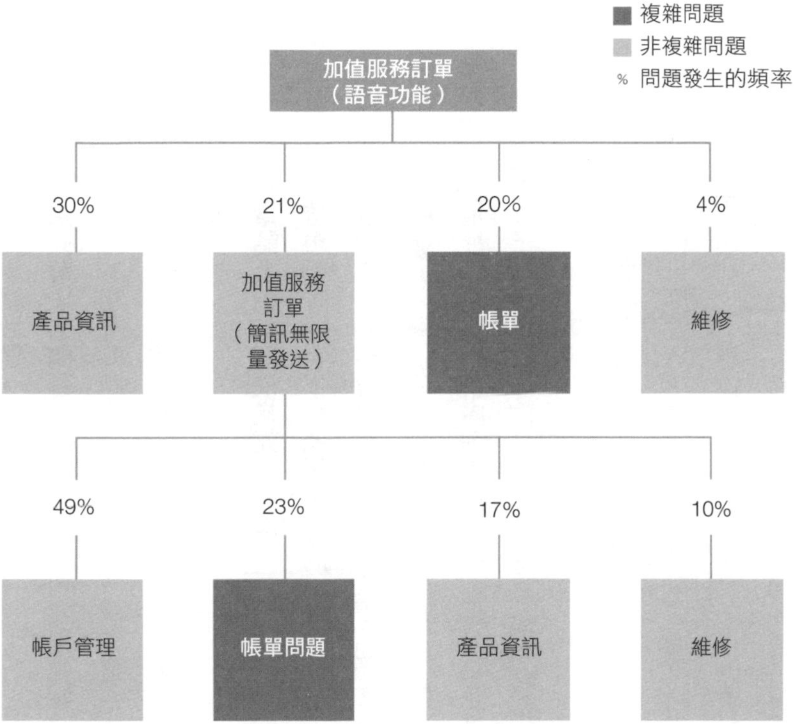

資料來源：加拿大某電信公司、CEB公司（2013）

也藉此避免預先解決相鄰問題可能造成的困惑。

規則1：先解決顧客可能打來的下一通、而非下二通電話。這家電信公司知道，即使他們有信心預測顧客會打來的下二通或三通電話，比方說：顧客設定新服務後，最後可能想把服務升級，像是升級為簡訊無限量發送，然後顧客可能有帳戶管理相鄰問題，但是一次預先解決二個以上的問題，就可能讓顧客不知所措。所以，這家電信公司決定只要預先解決馬上會遇到的相鄰問題。

規則2：挑選要預先解決的問題。這家電信公司只預先解決發生機率最高的相鄰問題。他們發現發生機率超過二〇%的相鄰問題，才符合預先解決的資格。如果發生機率小於二〇%，那麼對公司和對顧客來說，最好就碰運氣看問題會不會發生，不要浪費客服通話時間預先解決這類問題，也免得讓顧客不知所措。

規則3：不要在電話上預先解決複雜的問題。至於像帳單問題這種更複雜的問題，這家電信公司發現在電話中很難跟顧客說明下一期帳單可能出現的款項。與其在通話時讓顧客不知所云，不如請客服人員向顧客說明，帳單會以電子郵件方式寄給顧客，細節請顧客參閱帳單內容。

那麼，實務運作時要怎麼做呢？我們就用兩個虛構的服務互動做說明。第一個例子是，顧客打電話來要求更正地址，客服人員處理這個問題，但是更正地址的相鄰問題發生機率都很低，所以客服人員幫顧客更正好地址後就可以結束通話。換句話說，有些問題就是「一通電話就解決」。

但是，當顧客打電話進來要申購新的服務，情況會怎樣？客服人員會先處理顧客陳述的問題，也就是新設定的服務。接著系統會通知客服人員這通電話也該解決的一些相鄰問題。客服人員會先請顧客造訪企業網站，引導顧客找到基本服務方案的資訊和常見問題集。接著，客服人員設法向顧客推銷升級方案，因為申購新基本方案的顧客通常會因為這件事再打電話來。最後，系

圖3.5　加拿大某電信公司針對帳單問題主動寄送的電子郵件（說明範例）

親愛的〔欄位：顧客姓名〕

感謝您使用本公司的來電回覆服務，了解這項服務提供的所有功能。

這項服務的收費跟其他電話服務一樣，都是提前一個月收費，所以您會在下一期帳單中看到您啟動這項服務到帳單截止日期這段期間的費用，外加上提前一個月收取的費用。查閱詳情。

您知道語音信箱管理員能提升您所使用服務的功能嗎？現在就了解！

＊＊如果您對所購買的服務感到不滿意，請在申購三十天內造訪我們的網站，隨時可以輕鬆取消這項服務。

感謝您選擇本公司的服務！

訂閱電子報｜法律聲明｜隱私權政策｜與我們聯絡

資料來源：加拿大某電信公司、CEB公司（2013）

統會提示客服人員取得顧客的電子郵件信箱，這樣公司就能寄送帳單給顧客。這類顧客來電通常不會用「請問您今天的問題都解決了嗎？」做結束。客服人員反而會主動說：「如果您給我一分鐘的時間，我現在想跟您說明幾件事，這些事您或許沒想到，但是等我解說後，或許就能幫您省時省力，免除後續麻煩。」這種跟顧客互動的方式，真的很不一樣。

值得一提的是，這家電信公司後續針對複雜問題（例如：帳單問題）寄給顧客的電子郵件，同樣值得企業參考（見圖3.5）。該公司所有預先解決問題的電子郵件，都依據三項簡單的標準。第一項標準，這些電子郵件的內容愈簡短愈好，只列出重要資訊。這類電子郵件能簡單扼要是因為有第二項標準做輔助——盡量讓顧客採用自助服務。如果顧客需要更多資訊，就利用連結網頁功能，讓顧客點選連結瀏覽相關網頁或常見問題集查閱更多內容。第三項標準是讓電子郵件發揮最大效益。所以，這家公司通常會在顧客來電後馬上寄送電子郵件，但是針對其他問題則會盡量延後寄送電子郵件的時間（比方說帳單問題，該公司會在帳單寄達的前幾天才寄送電子郵件）。

整體來說，這項實務已經為這家電信公司締造一些相當可觀的佳績。該公司先把一部分顧客當成測試這種做法的控制組，這樣就能單獨評量預先解決問題這種做法的影響，也能知道這種做法對於顧客消費金額和營運成本有何影響。結果試行計畫顯示，解決顧客事件的平均來話量減少一六％，等於把當初投資這項方案六個月的費用賺回來。據說這種做法也讓客服人員稱許不已，因為客服人員覺得自己更能協助顧客，打電話進來抱怨的顧客比以前少，畢竟會讓顧客感到受挫的那些因素是事先可以控制的。

由此可知，避免後續問題這個概念對於向顧客推銷或顧客來電諮詢也有很大的影響力。以這家電信公司為例，向顧客推薦服務升級方案，就是預先解決問題的機會之一。向上銷售（up-selling）和交叉銷售（cross-selling）通常是以「本週特惠」的方式向來電者推銷。但是事先讓顧客了解究竟還有哪些產品或服務，確實能讓顧客充分利用企業提供的服務，這樣顧客就不用再打電話詢問，客服人員也能跟顧客針對其他產品或服務，做更有意義也更有效益的推銷。以下面這個例子來說，客服人員跟購買新手機的顧客推銷延長產品保固，你認為哪種做法更能推升業績？……

例一：「我們提供連同任何製造缺陷在內，延長保固兩年，請問您需要嗎？」

例二：「我知道換手機是一件很麻煩的事，我建議您要省時省力的話，就是延長手機保固年限。如果手機有任何故障，比方說像你先前那隻手機的喇叭問題，在延長保固兩年的情況下，我們就會幫您更換最新款的零件，或是以等值的手機供您挑選。」

即使在推銷環境中，採取避免後續問題這種做法，不但能幫顧客省力，甚至能順利推銷，提升業績。我們會在下一章深入探討為顧客省力的情緒層面。只要讓顧客知道你幫他們省去重複來電和解決另一個相鄰問題的麻煩，這樣就能讓顧客感動。所以，避免後續問題這種做法顯然是一種人性化的服務。

但是我們花一點時間，回想這家電信公司進行的所有分析。該公司從資料中找出清楚的模式，協助客服人員預先解決顧客的問題。照理說，避免後續問題這種做法應該也能自動化到某種程度才對，尤其是應用在自助服務管道上。

富達投資（Fidelity Investment）就是落實這項做法的另一家公司，該公司把避免後續問題的原則應用在自家公司的線上服務管道。富達投資採取跟之前說的「披薩啤酒法」類似的做法，請自家服務團隊腦力激盪，請團隊為最常見的線上問題推薦後續做法。舉例來說，自助服務最常解決的問題之一就是更新地址。大多數企業的網站只是確認這項互動，並感謝顧客自行更新地址。但是富達投資知道，對顧客來說地址更新可能意謂著其他變動。顧客更新地址後，可能馬上採取另外三個行動，包括二項相關服務和一項相關銷售。以服務層面來說，顧客馬上會訂購新的支票本並更新電子資金轉帳資料，因為富達投資知道這些是常見的相鄰問題。以銷售層面來說，富達投資可以幫合作企業推銷房屋險或租屋險，這樣做就是針對目標顧客進行交叉銷售。

另一個例子發生在顧客開立新的退休帳戶時，一旦顧客開好帳戶就會馬上轉帳，把錢轉到其他帳戶，或想知道共同基金的淨值，因為這些都是特定顧客才會採取的動作，因此富達投資花一整季的時間，啟動另一項自助服務互動。這項實務讓顧客能更輕鬆地參與自助服務，也讓該公司每戶家庭平均來話數減少五%。

評量避免後續問題這種做法的成效

俗話說：「有評量才有成果。」在注重運作的客服界，似乎每件事都要接受評量。所以，避免後續問題這種做法當然也不例外，不過同前所述，傳統一次解決的評量方式有一些嚴重缺陷。在大多數情況下，一次解決這種做法是以顧客在電話上表示問題已解決，或透過後續服務滿意度調查做為評量依據。顧客總是對的，不是嗎？難怪，有六成企業是依據這些顧客陳述式的做法，來評量本身的一次解決率。但是，我們也證實顧客通常不知道自己需要因為內隱問題再致電客服。所以，企業究竟該評量什麼？

在透露評量避免後續問題的較佳做法前，我們先花一點時間說明一下，我們對評量問題解決率採用的通則。通則一是，其實評量問題解決率的萬全之策根本不存在。一次解決或避免後續問題等做法的絕對完美評量方式是不存在的，目前我們可以想到的做法都有一些缺陷。基於前述狀況，因此我們採取通則二：企業必須持續評量**某個項目**。不要盲目追求完美的評量方式，或為既有評量方式的缺失爭辯不休。評量問題解決率的秘訣就是：**不管運用什麼評量方式**，懂得透過本身服務規範、企業文化和其他績效管理強化評量方式的企業，就比那些光說不練的企業，在問題解決率的表現高出四．九％。

所以，追蹤避免後續問題的最佳評量單位是什麼？我們跟許多公司合作，想要了解不同評量單位的利弊得失。事實上，我們還設計一整套問題解決百寶箱（見附錄B），彙整我們得到的結果，說明不同技術的限制、流程的限制和不同服務與支援組織的其他環境因素。在我們觀察的企業中，有一家美國貸款公司的做法最先進。這家公司追蹤一個相當簡單的評量單位，也就是：顧客在七天內重複來電的次數。這個評量單位會追蹤公司在七天內接到顧客的重複來電，也會追蹤個別客服人員在七天內接到顧客的重複來電。

這家公司基於一些因素，選擇七天為評量單位。首先在他們的分析中，他們明白大多數重複來電都發生在顧客打完第一通電話的五天內，只有一小部分的重複來電是發生在七天後。其實，客服人員必須想得起來當初服務互動發生什麼事，公司才能針對客服人員進行有效的指導。但是公司發現客服人員在接聽顧客來電七天後，就很難記起當時的狀況。這家公司原本採用三十天為評量單位，卻發現這種指導方式效益太差，因為客服人員根本不記得顧客當時的狀況。有趣的是，這家公司還是依據三十天為評量單位，追蹤公司在三十天內接到顧客的重複來電，只是在個別客服這個部分，改以七天為評量單位。這樣公司就能針對團隊設計標準化的報告，並制定團隊績效標準，了解團隊績效是否持續改善。

這家公司也發現重複來電很少發生在七天後，其他行業的企業也表示有相當類似的發現，因此我們常會建議企業考慮以七到十四天，做為追蹤重複來電的評量天數。（要先提醒大家的是：評量天數愈長，取得的問題解決率可能愈低。）這一點請牢記在心，這家公司的例子也告訴我們，天數愈長，指導服務互動的影響力就愈小，因為客服人員已經忘記跟個別顧客互動的細節。

我們把這家公司的做法傳授給其他企業時，通常會引發下面說的這種反彈，我們認為會這種反應是理所當然的。企業認為**追蹤個別客服人員在特定期間內的重複來電，似乎不太公平**。客服人員跟顧客互動時，顯然有很多事情不在客服人員的掌控內，這些事情可能會讓一些顧客再打電話來。舉例來說，顧客可能沒有寫下所需資訊，或許顧客沒有照著客服人員說的去做，或是顧客

圖3.6　美國某家貸款公司個別客服人員的重複來電率（說明範例）

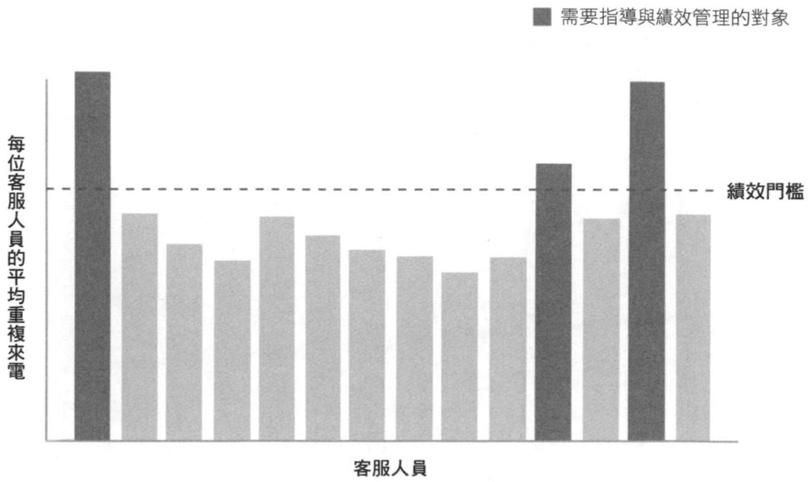

資料來源：美國某家貸款公司、CEB公司（2013）

不知道客服人員在講什麼又不問清楚。所以，顧客會基於種種原因重複來電。如果把這些記錄算到原先設法協助顧客的客服人員頭上，當然很不公平。不過，其他客服人員也要應付同樣不可控制的問題，而且在每位客服人員週而復始接聽許多電話的過程中，就可能看出來哪些客服人員讓顧客重複來電，哪些客服人員真的做到預先解決問題。經年累月下來，這家貸款公司就能為重複來電制定一個平均績效門檻。利用這種做法，這家公司就能發現哪些客服人員表現較為優異，以這些客服人員採用的做法做為學習的榜樣，並得知哪些客服人員表現較不理想，需要多加指導（圖3.6）。

其他試過這種做法的其他公司採取一項相當簡單的方式，讓客服人員覺得公平些，他們的方式是：**不公布個別客服人員的績效資料。**

客服人員不需要知道自己究竟造成多少通重複來電，他們只要了解自己的績效傾向，績效是沒有達到、符合或超出整體績效門檻。這樣一來，客服人員就比較不會爭辯某些重複來電是他們無法掌控的。

這種評量方式最值得注意的是，能讓企業全神貫注於問題上，這是其他評量方式無法做到的。不過，企業每次推出這種新評量方式時，客服人員就想試試系統有多厲害，因此品保團隊應該提高警覺，確保客服人員不為養成那種惡習（例如：客服人員故意把很複雜的問題轉給另一名客服人員）。但是，在確實評量重複來電的企業中，我們聽到最棒的故事是，表現最優異的客服人員開始針對企業政策和作業流程提出改善，避免顧客重複來電。「嘿，我可不要因為那麼爛政策被罵，我最好告訴我們主管這政策有問題，會讓顧客再打電話來問。」這種做法會帶來的另一項顯著改善，則發生在顧客體驗的情緒層面。客服人員確實改變思維，真正做到為顧客著想，確保顧客不需要為了不必要的原因再打電話來。顧客也感受到客服人員竭盡所能幫他們解決問題，讓他們的生活能如常運作。

我們在本章稍早討論過，情緒因素會造成顧客重複來電，比方說：顧客再次致電客服只是想確定問題解決了，或是因為他們不喜歡先前那位客服人員給的答案。優秀客服人員很快就發現顧客體驗的情緒層面也很重要，會造成顧客重複來電，也會增加顧客在服務互動中的費力程度。因此，優秀客服人員會馬上調整自己的行為。你或許認為，他們是優秀客服人員，當然會這樣做，但我需要的是自家客服人員大都能做到那樣。事實告訴我們這件事很可能做到：教導客服人員用新的方式跟顧客互動，讓顧客覺得自己對解決方案更有信心，不會覺得解決問題就要多費力。這個構想成效卓著，所以我們會在下一章用整章篇幅做介紹，讓大家了解每家公司都能也都應該善用的一些特定實務。

重點摘要

◆顧客所有重複來電中，通常有將近半數的比例沒有被企業察覺到。顧客跟客服人員講完第一通電話以為問題已解決，後來常會因為跟原先問題並無直接相關的原因，再次致電客服中心。導致顧客重複來電的最常見原因是相鄰問題（例如：跟原先問題有關的附帶問題），以及體驗問題（例如：客服人員與顧客之間的「情緒」疏離，比方說：顧客不喜歡客服人員提供的解答）。

◆不要只解決顧客目前的問題，還要把可能發生的下一個問題也解決掉。一流企業會把問題當成事件，而不是只出現一次的單一狀況，他們會教導客服人員預先解決跟原先問題有關，但是顧客原本不知道，後來才發現的問題。

不只評量一次解決率，還要評量重複來電。一次解決率這種評量單位是有缺陷的，因為這項評量單位只表達出顧客陳述問題的解決率，沒有把相關附帶問題考慮進去。一流企業懂得評量特定時間範圍內的重複來電，評量客服人員是否解決顧客陳述的問題，也預先解決相鄰問題及跟後續追查有關的體驗問題。

第四章

無力可使並不表示你無計可施

時間是早上七點三十分，你剛抵達機場準備搭乘早上九點的班機，卻看到班機起降表上顯示，你要搭的那班飛機取消了。你深吸一口氣、整理思緒，打電話向航空公司重新預訂晚一點的班機。

你跟訂位人員聯絡上時得知：「我們很抱歉因為班機取消造成您的不便。我們幫您重新訂位，搭乘今晚九點的班機。」聽到對方這樣說你做何感受，況且你在班機起降表上看到那家公司在晚上九點前，還有很多班次可以讓你搭乘？在這種情況下，你可能不太高興吧。

現在想像一下，如果訂位人員跟你說：「我們很抱歉，這班班機取消造成您的不便。我知道可以安排您搭乘明天早上九點的班機，不過讓我看看能不能幫您訂到今天的班機。」過了一會兒後，訂位人員跟您說：「大好消息，我幫您訂到今晚九點的班機，我知道現在離晚上九點還有一段時間，但至少您今天就可以抵達目的地。」

雖然這兩個例子的結果都一樣，都是重新訂位到晚上九點的班機，但是我們敢打賭，大家一定認為第二種回應比較好。為什麼會那樣？

這就跟我們說的「體驗工程」（experience engineering）這個概念有關，也就是慎選客服用語，妥善處理跟顧客之間的交談，這種客服用語就是為了改善顧客解析客服人員談話內容而精心設計的。在本章中，我們會協助大家了解體驗工程如何奏效及為何奏效，也會提供企業實例說明這類做法的實務運作，讓大家知道怎樣在自家公司善用這些做法。

我們在第一章提過，我們發現顧客對服務體驗有多費力的*認知*，必須跟重複來電、轉換管道、轉接其他客服人員和重述資訊這些更有形的因素做比較。

顧客對服務體驗的認知究竟有多重要？根據我們的調查結果發現，這一點相當重要。我們原先的研究讓我們大略知道，費力程度這種「柔性層面」確實有某種程度的重要性，但是當我們回過頭來再深入研究，我們驚訝地發現顧客對服務體驗的認知，竟然在「費力等式」中占了三分之二的比例。換句話說，顧客對服務互動做何*感受*，跟顧客在服務互動中真正必須做的事相比，前者的重要性是後者的二倍。這項發現相當重要，我們後續會在本章做更深入的討論。

諷刺的是，雖然費力程度的「感受」層面——情緒、認知層面——在整個費力等式中占很大的份量，但是大多數企業卻很少關注這個部分，反而都把焦點放在費力等式的「費事」層面。當

圖4.1　企業表示本身在降低顧客費力程度上所專注的領域

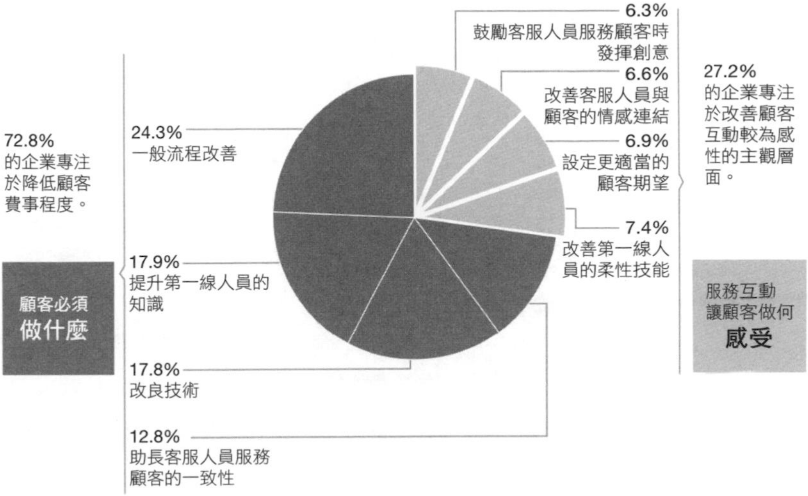

樣本數＝26家公司
資料來源：CEB公司（2013）

我們請教全球各地的服務主管這個問題：「貴公司正在做什麼，期望能降低顧客費力程度？」我們發現這些主管們的答案大多是「一般流程改善」，比方說：流程合理化、互動簡單化、替顧客把事情變得更容易些（見圖4.1）。

如果你好好想想，企業這樣做似乎很有道理。照這種做法來替顧客省力，就是把顧客必須採取的步驟減到最少。其實，我們調查的企業中幾乎有四分之三的企業表示，他們針對降低顧客費力程度採取的做法，就是以讓顧客費力的這些有形因素為目標。如果顧客費力程度大多跟顧客為了解決問題而必須做的事情有關，那麼顧客在服務互動中體驗到的費事程度和費力程度，兩者間應該出現近似完全相關的關係才對。可是調查結果

圖4.2　顧客費事程度與顧客表示的費力程度之對照

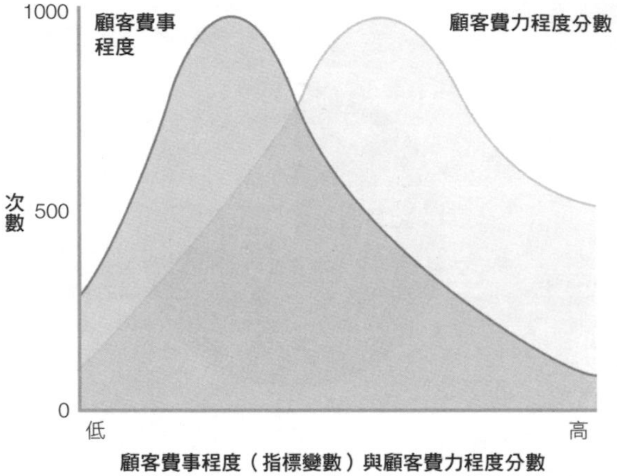

樣本數＝4,589名顧客
資料來源：CEB公司（2013）

並非如此。

我們分析超過四千五百名顧客的服務互動，檢視他們的費事程度，也就是顧客在解決問題時必須做的事。這些事包括解決問題必須進行的互動次數，轉換不同客服人員的次數，是否必須轉換服務管道，以及必須重述資訊的次數。

當我們把這四千五百名顧客的費事程度繪製出來，我們如預期得到一個常態分配曲線。換句話說，有些顧客只花一點點力氣（例如：不必重複來電，不必轉換服務管道，也不必多次接洽），但有些顧客就花很多力氣，不過大多數顧客的費事程度都在中間水準（見圖4.2）。不過，當我們把這個曲線跟依據顧客費力程度分數（第六章再做詳述）繪製的曲線相比，卻發現兩個曲線的重疊處極小。

費事曲線的頂端靠近顧客費力程度分數較低的那一側，這表示大多數服務互動不需要顧客做很多看似費力的事才能解決問題。不過，當我們畫出顧客費力程度曲線，也就是顧客在同樣互動中認知到的費力程度，我們發現這個曲現的頂點落在費力程度分數較高的那一側。

我們跟大多數企業一樣，原本假設顧客費事程度會跟感受到的費力程度一樣，但是這項資料卻讓我們大開眼界。如果顧客感受到的費力程度，主要是依據費事程度——顧客解決問題必須做的事，以及那些事的難度——那麼這二個曲線（顧客費事曲線及顧客費力程度分數曲線）應該幾近完全重疊才對。但是，結果並不是那樣，我們可以從中做出兩項推論。

首先，實際上許多不需要太費事的互動，顯然還是讓顧客覺得很費力。許多費事程度低的互動，其顧客費力程度分數還是很高。對客服主管來說，這不是一個好現象，而是一個壞消息。這表示企業把服務互動簡化，讓顧客不必太費事就能解決問題，但是最後顧客還是覺得「搞半天才解決問題」，結果企業流失許多顧客，在顧客忠誠度戰役上慘敗。就好像服務組織在解決「容易」的問題時，太常搞錯方向。

其次，大多數企業一直針對如何降低顧客費力程度擬定策略，其實這種做法並不十分完備。事實上，企業在降低顧客費力程度時，很可能太專注在讓顧客費力的有形因素，卻完全忽略顧客對於服務體驗的感受（見圖4.3）。

結果，顧客費力程度跟顧客必須做的事其實沒有那麼大的關係，雖然那項因素也很重要，但

圖4.3　顧客費力程度的原因分析

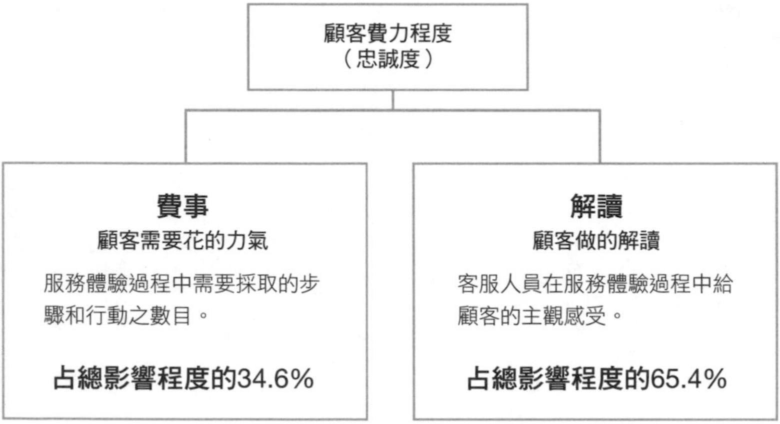
顧客費力程度
（忠誠度）
費事
顧客需要花的力氣
服務體驗過程中需要採取的步驟和行動之數目。
占總影響程度的34.6%
解讀
顧客做的解讀
客服人員在服務體驗過程中給顧客的主觀感受。
占總影響程度的65.4%

樣本數＝4,589名顧客
料來源：CEB公司

真正關係重大的是顧客做何感受。顧客在評量本身費力程度時，服務互動的費事因素只占三四・六的影響力，但是顧客對服務互動的解讀這個部分，也就是完全針對情緒和反應等較為主觀的要素，其影響力卻高達六五・四％。簡單講，顧客在評量費力程度時，最重要的不是解決問題必須做什麼，而是他們在互動期間和互動結束後做何感受。**由此可知，「做」只有三分之一的影響力，「感受」卻有三分之二的影響力。**

為了讓貴公司能在改善顧客體驗方面，有最快最顯著的成效，就應該跟大多數企業背道而馳，從顧客感受下手。雖然從實質面下手替顧客省力也很重要，但是企業千萬不要對服務體驗合理化做過度的投資，反而該把重點擺在顧客的解讀或對費力程度的「感受」。

聽我們這樣講，大多數企業當然馬上想到要

加倍努力訓練好客服人員的「柔性技巧」，但是我們知道一流企業其實會把重點擺在截然不同之處。

過度仰賴「柔性技巧」

一般客服柔性技巧訓練，是教導客服人員扮演企業形象大使，對顧客溫和有禮並發揮同理心。但是有力證據顯示，如果企業以降低顧客費力程度為目標，那麼只是讓客服人員待客有禮，根本無法造成什麼影響。事實上，我們深入分析資料時發現，跟一般柔性技巧最密切相關的六個變數，對降低顧客費力程度的影響不是極小，就是毫無影響：

對顧客費力程度只有些微影響的變數（影響程度低於五％）：

- 客服人員表達清楚
- 客服人員展現自信

對顧客費力程度沒有影響的變數：

- 客服人員展現關切
- 客服人員不照本宣科

- 客服人員了解顧客
- 客服人員耐心傾聽

上述這四項對降低顧客費力程度沒有影響的因素，在客服人員跟顧客的任何互動時，當然還是很重要。客服人員如果對顧客無禮又固執己見，很快就會引發顧客不滿。但是調查資料明確地告訴我們，光靠這些技巧根本無法降低顧客費力程度。即使把上面這六項柔性技巧做到世界級的水準，也無法讓貴公司在降低顧客費力程度上成為同業佼佼者。如果貴公司把錢投資在柔性技巧訓練，最後很可能在顧客忠誠度輸得很慘。

所以，如果費力程度的「柔性」層面不是只跟客服人員待客有禮或耐心傾聽有關，那究竟是跟什麼有關呢？為了找到一些線索，我們特別跟表示重金投資服務體驗情緒層面的少數幾家公司進行訪談。以下我們逐字不漏，引述其中兩家公司客服主管跟我們說的話：

「我們發現優秀客服人員在跟顧客互動時真的掌控整個對談，他們事先預料到顧客可能出現負面反應，所以先竭盡所能做一些補救。」

「很多時候我們無法給予顧客他們想要的，但是我們公司的優秀客服人員會引導顧客，即便結果不是顧客心中首選，也讓顧客感到滿意。」

我們相信就某種程度來說，這種事先預料的能力，也就是能早一步察覺服務互動可能出現負面狀況，其實是優秀客服人員與生俱來的天賦。而且我們知道這種預料能力，會對顧客解讀費力程度時產生極大的影響。但是，這種能力學得來嗎？企業能讓一般客服人員熟練這種技巧，在平日工作上持續做到這樣嗎？通常，顧客別無選擇只好接受自己不想要的結果時，就會覺得整個服務互動非常費力。在這種情況下，顧客經常以生氣和爭論來結束通話，後續還會再打好幾通電話到客服中心抱怨。但是，學會事先預料顧客的反應，掌控顧客可能對不利消息做何解讀，這些技能全都無法透過柔性技巧訓練習得。我們在這裡講的技巧，遠超過待客有禮或稱呼顧客姓名，或是對顧客遭遇表達同理心這些技巧。

但是，如果不是那些技巧，那麼是什麼呢？那種技巧從哪兒來，該怎麼教，怎麼稱呼？我們發現這種技巧有許多名字，是以心理學、社會學和行為經濟學為基礎。我們把這種技巧稱為**體驗工程**（experience engineering），因為那正是這種技巧要做的事，也就是利用精心挑選過的語言，管理或安排與顧客的交談，以便改善顧客對交談內容的解讀。

雖然在顧客服務這個領域，體驗工程還是剛萌芽的構想，但是有很多銷售及行銷組織、工會和政黨早就採用這種策略，有的甚至已採用數十年之久。他們利用這種做法來影響顧客、員工和選民的想法、感受與反應。

我們認為體驗工程中有一些技巧可以用在企業跟顧客的日常互動上，有一些構想既簡單又有變通性，可以傳授給客服人員應付各種情況。因此，我們針對以下這些技巧和構想進行測試：

- **支持顧客**——以主動的方式表明跟顧客意見一致並支持顧客。
- **肯定的語言**——盡量別用「不行」或「沒辦法」這類會讓顧客以為你無法達到有效結果的措詞用語。
- **定錨效應**——把特定結果定位成對顧客更加理想有利，並拿另一個比較不理想的結果做比較。

對於上述各項技巧，我們進行對照組實驗，測試顧客的反應，把體驗過跟沒體驗過任何體驗工程的測驗小組做比較。在三項實驗中，我們讓幾百名顧客組成的測試小組，看到同樣的服務情境，但是在每個情況中，有一半顧客是看到「A客服人員的回應」，另一半顧客是看到「B客服人員的回應」。然後我們請所有顧客利用顧客費力程度評量分數（見第六章），評量整個體驗的品質和顧客費力程度。每個測試小組需要做的事其實都一樣，我們發現顧客在各個情況下需要忍受的步驟愈多，費力程度就愈高。另外，在各個情境中，A客服人員和B客服人員提供的解決方案都一樣，但是如你所見，他們用來掌控體驗的語言卻截然不同。

支持顧客

顧客情境：你剛買一輛自行車，才騎沒多久煞車線就有點問題，騎起來不太安全。

A客服人員的反應是：「電話上真的很難判斷究竟發生什麼問題，您應該把車子送到我們合作的維修店，請店家檢查一下。」

B客服人員的反應是：「我知道碰到這種事很傷腦筋，我一定會把您的意見跟我們的工程團隊反應。現在，我先查查購買這款自行車的其他顧客是否也有類似問題，這樣我們就能知道這是維修問題或只是車子還在磨合期。好了，我沒看到許多顧客有同樣的問題，我建議您把車子送回店裡檢查一下，趁現在車子還在保固期內。」

所以，兩位客服人員提供同樣的答案，都是叫你把車子送回店裡，沒別的辦法。不過差別在於，兩位客服人員表現出的支持程度，就會對顧客解讀服務體驗的費力程度產生極大的影響。

根據測試結果，跟聽到A客服人員回應的顧客所給的評分相比，聽到B客服人員回應的顧客對服務品質的評分高出六七%，對顧客費力程度的評分也低了七七%。

肯定的語言

顧客情境：你想把網路銀行帳戶的錢轉到另一個帳戶卻遇到問題。

A客服人員說：「嗯，您沒辦法從這個網路銀行帳戶把錢轉到非約定帳戶。除非您設定另一個帳戶為約定帳戶，否則我沒辦法幫您做什麼。您必須回到帳戶管理網頁，選擇帳戶約定表單。首先，先選取……」

B客服人員說：「我了解您的問題，看來我們需要先為您把另一個帳戶設定為約定帳戶，應該需要幾秒鐘的時間，我來教您怎麼做。您可以回到帳戶管理網頁嗎？現在，請先點選……」

結果，聽到B客服人員回應的顧客，體驗品質高出八二％，費力程度低了七三％。想想看，兩位客服人員的回應其實只有些許不同，但結果卻截然不同。

定錨效應

顧客情境：有線電視業者新安裝的視訊盒在連接時出現問題，而且這個問題只能由技術人員到府解決。

A客服人員說：「我們明天可以派技術人員過去，但是時間不確定，早上八點到晚上八點必須有人在家，可以嗎？」

B客服人員說：「嗯，我看過技術人員的班表，要安排確切時間到府維修，等到下週才有空檔。不過，我可以幫您緊急安插到明天。但是時間就不確定，府上必須有人在家，技術人員可能在早上八點到晚上八點這段時間，一有空檔就過去。這樣您至少不必等到下週再處理。我知道這是臨時通知，您覺得這樣做可行嗎？」

以這個例子來說，聽到B客服人員回應的顧客對體驗整體品質的評分高出七六％，費力程度的評分則低了五五％。而且我們要再次強調，兩位客服人員給的答案其實是一樣的。

在上述這三個情境中，客服人員都無力改變解決問題所需的費事程度，但是B客服人員卻能創造截然不同的結果，不是因為B客服人員比較溫和有禮，而是因為慎選措詞用語，精心設計不同的顧客體驗，這就是體驗工程的厲害之處。

在客服界，柔性技巧通常被定義為「讓客服人員以友善貼心又專業的一貫做法處理顧客問題，以肯定的措詞用語代表公司和自己向顧客表述，而設計的行為規範。」

現在我們把這項定義分成幾個部分來看。首先，柔性技巧以一貫做法處理顧客問題，所以是把顧客一視同仁，用同一套做法對待顧客。柔性技巧不考慮選項或選擇，其設計宗旨就是每通電話、任何時刻都派上用場。而且，柔性技巧是以客服人員友善貼心又專業的做法為基礎，把重點放在交談時的應對手腕。最後，柔性技巧是以肯定的措詞用語代表公司和自己向顧客表述。當企業投資柔性技巧訓練時，就是想讓客服人員以更專業有禮的方式對待顧客，期望顧客在服務體驗時多容忍些，最後也更可能對企業維持忠誠。

體驗工程這項概念卻很不一樣。我們把體驗工程定義為「主動引導顧客完成服務互動的一種做法，這裡講的服務互動是經過設計，能預先設想顧客的情緒反應，並預先提供對顧客和企業都有利的解決方案。」

我們一樣把這個定義分成幾個部分來看。首先，體驗工程有目的性，是跟主動引導顧客有關，牽涉到透過一連串審慎行動（像我們先前實驗中說明的那樣），來掌控服務互動。其次，體驗工程的設計宗旨是要，預先設想顧客的情緒反應。就好像有先見之明，察覺出不利情勢正在形成，也就是在告知顧客要求無法如願那個當下，好好安撫顧客接受現況。接著，參與體驗工程的客服人員會設法先發制人，提供顧客樂於接受的解決方案。換句話說，體驗工程不是說明顧客為何無法得到自己想要的（這樣做只會惹惱顧客，讓顧客口出惡言），體驗工程是把焦點放在什麼解決方案是可行的。最後，體驗工程這種做法專注於找出一個對顧客和企業都有利的解決方案，協助顧客把問題解決掉。這表示企業提供的解決方案，符合顧客實際需求（通常是顧客未陳述的需求）。這樣做企業不必虧本或提供顧客超額優惠來確保顧客不會流失，而是創造一個真正讓顧客和企業都能接受的雙贏結果。

體驗工程的機會與報酬

在任何服務體驗的過程中，顧客會不時用自己的方式，打量自己必須為這次體驗費多少力。通常，那種會受許多因素影響、既嚴重牽扯範圍又廣的複雜問題，就可能讓顧客體驗到最高費力程度。而且這類體驗的費力程度，不是客服人員在互動中改變態度或措詞就能改善的。通常，遇到這種狀況時，當然表示有某個地方出了大問題，企業必須趕緊解決這麼顯而易見的狀況。因此，體驗工程這項概念不是要避免這類惡化到不可收拾的問題，而是要以精心設計具有目的性的做法，來影響**費力程度在平均水準以上**的顧客。

那就是體驗工程如此重要的原因，因為費力程度偏高和費力程度偏低的服務體驗，兩者之間的差異其實沒有那麼明顯。大多數企業剛開始著手降低顧客費力程度時，都以降低顧客費事程度為目標。一旦發現高費事狀況並加以解決後，就覺得無力可使，沒辦法再有任何進展；但是，無力可使並不表示**無**計可施。

我們可以確定的是，因為顧客的解讀不同，所以許多低費事互動，反而被顧客認定為高費力互動，企業只要在這方面多花點心思，就能看到改善成效。那正是體驗工程可以大幅改變成效之處，只要客服人員先發制人，讓顧客不會把互動解讀為相當費力，反而覺得互動其實一點也不費力。

確切地說，體驗工程不僅跟降低顧客費力程度有關，還會帶來另一項好處；記住，費力程度愈低，顧客就愈不可能流失，表示策略奏效，獲利提升。

讓顧客減少對費力程度的解讀，尤其是在沒辦法減少費事程度的情況下，最後就能創造對顧客、企業和客服人員都有利的三贏局面。畢竟，客服人員的工作很棘手，每天都要把壞消息跟顧客說，體驗工程這種做法可以大幅減少顧客抱怨，確實是協助客服人員的一大利器。

與生俱來或後天養成？

企業難免會納悶，體驗工程可以傳授嗎？體驗工程是只有傑出客服人員才做得到，或是每位客服人員都能透過練習做到的事？可喜的是，經過我們的調查發現，目前有些企業正在教導客服人員這樣做，而且這些做法簡單易懂，連沒有經驗的客服人員都能輕鬆上手。我們就利用本章後續篇幅，介紹三家這樣做的公司：

- 全球照明設備大廠歐司朗（Osram Sylvania）就設計一套最簡單的結構，教導第一線客服人員如何善用肯定語氣的力量。
- 顧客獎勵方案營銷商LoyaltyOne開發出一套可重複使用的架構，協助自家公司客服人員將「替代方案」定位成顧客可接受的次佳選擇，即使顧客原先要求無法如願，也樂意接受這些替代方案。
- 英國貸款銀行Bradford & Bingley提供客服人員一個簡單模型，判斷每位顧客的個性特質，馬上將服務體驗個人化符合顧客的互動偏好。

換個方式說「不」

你沒辦法一直答應顧客的要求，要是可以那當然很好，但是很多時候，顧客想要的跟你能給的並不一樣。該如何是好？

嗯，這時候只好跟顧客說「不」。現在，我們先花一點時間研究「不」這個字。你聽到這個字時會有什麼反應？對我們大多數人來說，「不」這個字會啟動一連串負面反應。生氣、憤怒、開始想反駁，這些都是我們從小就熟悉的事。在你六個月大到滿一歲這段期間，你開始明白被拒絕時是什麼感受，而那個感受就一直跟著你到現在：

如果媽媽說不行，你會有三種選擇：

- 接受它，不當一回事（根本不可能嘛）。
- 找爸爸（至少有一半的機率，爸爸可能說好。）
- 大哭大鬧表達自己的不滿，希望這樣吵鬧可以讓原本說不的媽媽改口說好。

在服務互動中，大多數顧客聽到「不」時會有一些反應，這些反應都會對企業產生不利的後果（其實，這些反應跟我們小時候的反應沒什麼不同）：

- 出現情緒反應：跟客服人員爭論、生氣、口出惡言、大鬧一場。

- 掛電話，再打一次，換另外一位客服人員講講看，通常就稱為「換人講講看」（rep shopping）。這就是顧客版的「媽說不行就找爸」。
- 拉高層級：要求客服人員把電話轉接給主管，這樣做只是換人講講看的升級版，因為大多數顧客都知道主管有更多權力可以刪掉討人厭的費用，不必額外收費提供更高價商品做替換，通常主管還能放寬規定。
- 放話說不再跟這家公司做生意：有時顧客只是說氣話，有時卻是認真的。不管怎樣，就像我們在第一章看到的，就算是說氣話，但是現在拜網路和社群網站所賜，顧客輕輕鬆鬆就能讓大家知道他在氣什麼。

因為說了一個「不」字，就帶來那麼多不利的後果。企業當然想盡辦法，讓客服人員盡量別說不。客服人員必須想辦法說實話（因為遺憾的是，許多時候答案還是不），但是要用一種不會引起負面情緒反應和不利後果的方式來講。這時，運用肯定語氣就能創造極大的差異。

舉例來說，有些餐旅服務業者教導客服人員如何改變本身跟顧客應對時的思維流程，讓客服人員懂得完全以正向肯定的觀點去思考。據說（至少客服業這樣傳說），迪士尼樂園（Walt Disney World）所有「演出同仁」都懂得肯定語氣這種技巧（大家不論職務內容，都不只是員工，也是整個演出團隊的成員之一，不管是穿高飛狗的傢伙或是司機、遊樂設施操控員和製作美味蛋糕的師傅都包括在內。）這項技巧就透過名為「迪士尼樂園什麼時候關門？」的遊戲做說明。演出同仁必須盡可能以肯定語氣回答這個最簡單的問題。在剛開始使用肯定語氣時，許多人都絞盡腦汁：

「嗯，魔法停止了，迪士尼樂園就會關門。」（不對啊，迪士尼樂園其實是晚上八點關門啊。）

「你離開時，迪士尼樂園就關門。」（不對，如果你晚上八點零一分還在這裡，同仁就會請你離開。）

所以，最正確的說法大概是：「迪士尼樂園營業到晚上八點，我們隔天早上九點會開始營業，提供更好玩的節目歡迎您蒞臨，希望您來跟我們一起同樂！」這樣講怎麼可能讓顧客有負面反應？

肯定語氣究竟有什麼了不起呢？肯定語氣不僅是設法讓答案聽起來更順耳，如果我們知道自己要跟顧客說的事，有可能引起顧客不滿，難道我們不會善用措詞減少那種可能性嗎？

歐司朗公司就設計這種策略，讓客服中心的第一線人員發揮肯定語氣的影響力。該公司並沒有設法讓所有客服人員精通肯定語氣這種技巧，或對客服人員洗腦，要他們知道在跟顧客互動的任何情境該怎樣反應，而是設計一項簡單工具，協助客服人員在遇到最常發生的情況時，避免顧客出現負面情緒反應。

於是，歐司朗公司開始分析來話量最高的顧客要求，看看哪些問題最常發生，然後聽聽客服人員怎麼說，了解顧客知道自己的要求無法如願時，客服人員會怎樣回應。結果歐司朗公司發現，在必須跟顧客說不的來電中，前十項最常發生的不利情境就占了八成。

如果歐司朗公司能教導客服人員在這些情境出現時，如何善用簡單回應，設法善用肯定語氣（只要在這十大不利狀況就好，不必針對顧客的每個問題都這樣做），就能讓顧客對費力程度的解讀產生顯著的影響，也能減少顧客流失。歐司朗公司設計出一張簡單圖表，讓每位客服人員可以把圖表釘在自己辦公隔間板上，一眼就看到（見圖4.4）。

這樣做其實是把這項經典服務教誨具體化：「別跟顧客說你不能做什麼，要跟顧客說你能做什麼。」

顧客：有可口可樂嗎？

服務生：我們有百事可樂，可以嗎？

不說謊，不欺騙。不耍心機，只是把整個交談導向解決方案，這種做法其實相當簡單。而且，從客服人員嘴裡說的話百分之百是，顧客可以有什麼。

以歐司朗公司為例，與其說：「我們現在沒有那個品項，」客服人員的小抄指點他們這樣

圖4.4　歐司朗公司採用的肯定語氣準則

前十大最常見的「否定語氣」情境	否定語氣	肯定語氣
1. 產品缺貨	「我們的庫存**沒有**那個品項。」	「我們**會**在……進貨。」
2. 訂單配送	「我們**沒辦法**出貨，要等到……」	「我們**可以**在……出貨。」
3. 價格爭議	「您**必須**跟業務員討論價格問題」	「我們的業務部門或許可以**協助**您處理這個問題。」
4. 出貨錯誤或毀損	「我們必須幫您另外訂一個新的。」	「依我看，處理這個問題的**最佳方式**就是……」
5. 檢查存貨	「我們**沒有**那個品項。」	「我們**有**……品項」
6. 提供訂單進度	「您的訂單尚未完成備貨，要等到……」	「您的訂單會在……備妥出貨。」
7. 價格錯誤	「您**必須**跟您的業務代表核對價格。」	「您的業務代表**可以**跟您確認……」
8. 說明延遲出貨	「您**無法**準時拿到訂購商品。」	「為了及時出貨，請在……前下單」
9. 退貨流程	「您**必須**在包裝上寫下退貨編號」	「請您務必在包裝上註明退貨編號。」
10. 購買據點	「我們**不**賣給最終使用者。」	「您可以向……購買。」

資料來源：歐斯朗公司、CEB公司（2013）

說：「我們在（日期）會有貨，一進貨我可以馬上出貨給您。」

客服人員就像是顧客的代言人，站在顧客那一邊，竭盡所能讓整個體驗變得輕鬆不費力。客服人員當然沒辦法把缺貨商品變出來，但是以肯定語氣就能逆轉情勢，讓交談順利進行。表面上看來這似乎是一件芝麻小事，但是想想看每天有成千上百名顧客互動在進行，積小成多後就減少相當多的不利影響，也大幅避免顧客流失。加總起來，這種做法就對顧客造成有意義的影響。

歐司朗公司發現，雖然公司也可以教導自家客服人員針對各種互動善用肯定語氣，但是相較之下，只要提供一個包含前十大最常見狀況的簡單工具，就能獲得相當可觀的成效。歐司朗公司推行這項工具後，向上呈報率（需要主管介入的來電比率）就減少一半，顧客費力程度的整體評分也改善一八．五％，讓該公司在企業對企業商業環境中，表現得比同業更好。

我們要再次強調，這種做法不是只講究待客有禮，也不是只以肯定語氣就會奏效。歐司朗公司這項策略能夠奏效，是因為該公司教導自家客服人員，在最常見狀況下採取最佳做法，避免顧客覺得整個體驗很費力，因為說不（「不能」、「不行」、「沒有」等字眼），很容易讓顧客產生負面情緒。

歐司朗公司的管理團隊聲稱，這種做法的連帶好處是，客服人員都很喜歡這項構想。他們不覺得這樣做是照著劇本演出或奉命行事（該公司從未強迫客服人員照稿逐字唸出），反而覺得這項工具是公司支援客服，讓客服順利完成工作的另一種做法。為了協助貴公司開始採用這種做法，我們在附錄C收錄客服人員常用的否定用語供參考。

大多數客服人員每天必須應付各式各樣的顧客來電，其中最惡劣的來電是「跟顧客爭論不休」，顧客生氣、出現敵意或跟客服人員對質。身為顧客，這類通話常讓我們火冒三丈。我們都有過這種經驗，打電話給廠商，卻跟客服人員溝通不良，把我們搞到大吼大叫。但是，在電話另一頭的客服人員也跟我們一樣，不希望接到那種電話。從客服人員的觀點來看：身為顧客，我們可能偶而才遇到這種互動，但是身為客服人員，可能一天當中這種狀況就發生很多次。但是，自從使用肯定語氣大幅減少這類充滿敵意的互動後，整天跟顧客交談的工作就變得更輕鬆也更容易應付，尤其是在顧客想要的東西無法如願時，客服人員也不會成為顧客的出氣筒。

記住，我們再三強調，無力可使不代表無計可施。

讓顧客覺得替代方案對他們有利

客服人員如何讓顧客同意接受一些顯然是次要選擇的替代方案，而且顧客不是勉強接受，而是欣然接受，甚至比取得原先要求還更開心？

那就是替代定位（alternative positioning）這個概念的重點所在。除了善用肯定語氣，這項策略的設計宗旨就是要探討顧客可能接受的額外選項，在許多情況下是在顧客不知道自己的要求無法如願前，就先提供這類替代方案。加拿大LoyaltyOne公司的做法是我們見過的最佳實例。他們開發出一種架構適用於各行各業，因為這種架構是以簡單的人類心理學為依據。

或許你沒聽過LoyaltyOne這家公司，不過這家公司很獨特，是企業對企業和企業對消費者兼俱的混合式企業，為全球各地財星千大企業提供分析報告、顧客忠誠服務和忠誠度解決方案。該公司負責飛行哩數獎勵方案（Air Miles Rewards Program）的運作，這項方案結合加拿大許多知名消費品牌的忠誠度方案，加拿大有三分之二的家庭都參與這項方案。合作夥伴發放獎勵哩數，藉此跟顧客建立長遠關係，消費者可以從超過一千二百種獎勵選項中挑選自己想要的東西。舉例來說，零售店家的顧客打免費電話以獎勵哩數兌換贈品時，其實就會跟LoyaltyOne的客服人員通話。這些兌換贈品的電話之所以棘手，是因為下面這些原因：

- 消費者想要使用本身累積的哩數兌換免費贈品和服務，比方說：機票或其他休閒娛樂。
- 通常，這類服務的數量有限，比方說：並非所有班機的所有機位都開放兌換。
- LoyaltyOne希望讓最終消費者順利兌換，確保合作夥伴的重要性不受影響。

所以，如果顧客想使用哩數預訂特定班機，但是那班飛機沒有位子了，LoyaltyOne的客服人員在那通電話結束前，由無法給予其他肯定的答案（創造其他替代方案），最後顧客就會失望地掛斷電話，日後可能對參與哩數累積方案興趣缺缺。這就是為什麼替代定位對他們來說如此重要的原因。不過，LoyaltyOne從這些全有全無時刻學到的事，其實對任何企業都適用，當企業在顧客要求無法如願，覺得服務體驗相當費力時，這種做法就能派上用場。其實，我們常會從那些因本身獨特情況不得不發揮創意的企業中，找到最佳實務。

LoyaltyOne設計一個名為「體驗藍圖」（Experience Blueprint）的來電處理模型，希望利用這個模型探討並找出顧客如此要求的主要動機，以便得知顧客究竟在想什麼，然後就能建議可能讓顧客滿意的替代方案。而且，整個流程就從客服人員跟想用哩數兌換贈品的消費者互動做為起點。

大多數企業的客服人員在為顧客尋找解決方案時，會讓顧客在線上等候，但是LoyaltyOne的做法不一樣，該公司的客服人員檢視螢幕搜尋資訊時，會把這段時間當成了解顧客和顧客需求的大好機會，因為這些線索在後續交談時就會派上用場。

現在，如果光看說明，你或許覺得要教導一般客服人員這種做法可能很難，但是就像歐司朗公司教導客服人員使用肯定語氣的做法，LoyaltyOne也設計一個任何客服人員都能重複有效運用的方法論。

如你所知，這些兌換贈品的電話，都是從顧客做出要求開始，他們想要某樣東西，很可能是在特定日期和時間到特定地點的班機機位。從顧客打電話進來說出要求開始，客服人員就知道二件事：

- 要花一點時間判斷顧客想要訂位的班機有沒有位子。
- 如果那班班機沒有空位，客服人員必須做其他建議，看看顧客是否願意接受搭乘其他班機，可能是不同日期或時間，甚至連目的地都不一樣。

接著，客服人員開始警覺，這時替代定位的流程就啟動了。當客服人員輸入目的地和日期，查看顧客要求的班機是否有位子時，就一邊（不動聲色地）跟顧客聊天。通常，客服人員會這樣問：「您去溫哥華玩嗎？」

LoyaltyOne的客服人員沒有讓顧客在電話上無聊地等候，反而設法利用這段時間取得對後續有利的資訊。這樣做實在很聰明，因為大多數顧客都不喜歡在電話上等候，這時顧客不知道客服人員是不是還在線上，電話是不是過一會兒就被掛斷了。

打電話來的這位顧客是打算去玩或出差？他們計畫出差時順便花一點時間玩玩嗎？或者只是純度假？是單獨旅行或有眷屬陪同？對這個目的地很感興趣，或是可以接受其他建議？客服人員不知道在這段期間能得知什麼線索，但是他們已經開始擬定一個備用計畫。在過程中，系統會告知客服人員這個班機沒有機位，那麼客服人員可以提供什麼建議讓顧客也能欣然接受呢？

如果顧客原本提出的要求**可以**得到滿足，也就是訂到預定班機的機位，那麼這通客服電話就可以順利結束。但是，如果不是那樣，在顧客還不知道即將被告知「沒有」機位前，客服人員已經提早採取一些行動，預先設想一些**可能**奏效的替代方案。而且，客服人員跟顧客閒聊時，腦子裡就開始策劃這一切，表面上看起來只是兩個人在聊天，但實際上發生的事卻可能攸關服務互動的成敗。

以下這個互動例子就能說明這種流程如何奏效？

顧客：我想訂位，下週一早上到溫哥華的班機。
客服人員：沒問題，我幫您查一下。（鍵盤敲擊聲）您去溫哥華玩嗎？
顧客：我去那裡出差，週一下午有重要會議。
客服人員：了解，請稍等一下，我幫您確認機位。
（客服人員知道週一早上到溫哥華的班機都客滿。不過，週日早上和下午的班機還有很多機位。所以她繼續跟顧客聊天，不像大多數客服人員那樣讓顧客在電話上無聊地等候。）
客服人員：您常去溫哥華嗎？以前有機會逛逛這個城市嗎？
顧客：其實，這是我第一次去那裡，但我聽說溫哥華很好玩。
客服人員：對啊，溫哥華很美，您這趟出差也打算在那裡逛逛嗎？
顧客：是很想，可惜我週一忙著開會。
客服人員：我目前查到的資料是，週日下午有班機到溫哥華，但是週一的班機全客滿了，不過這樣您可以提早去溫哥華逛逛，也不用擔心週一搭機去太匆忙，反而錯過開會時間。您覺得如何？

我們可以從這個流程中學到許多重要課題，而且我們相信這些課題可以做更廣泛地應用。接著，我們先就以下這些課題做介紹：

別太快說「不」。要讓顧客接受替代方案的關鍵是，不要馬上告知顧客他的要求無法做到。先花一點時間跟顧客閒聊取得線索，反正顧客不知道系統要花多久時間處理他們的要求。利用這段時間了解顧客除了原先陳述的要求外，真正在意什麼。設法了解顧客的想法，然後開始判斷顧客可不可能接受替代方案。

別鼓勵客服人員說明顧客要求為何無法如願。一般說來，企業和客服人員都浪費顧客太多時間和精力，聽客服人員說明為何他們的要求無法如願。雖然這樣做看起來很合理，卻會讓顧客覺得企業是在為自己找台階下或找藉口。「你這麼做只是找藉口告訴我，你們公司沒辦法給我想要的東西。那樣做對我有什麼幫助呢？」而且以客服這種事來說，當你為自己說話時，你就輸定了。

別依據字面解讀顧客的要求。在許多情況下，顧客要求的服務跟他們實際遇到的問題其實截然不同。通常，在徹底了解前因後果時，就會出現很不一樣的需求。舉例來說，某家有線電視業者的顧客要求馬上修好連線問題，顧客面臨的情況可能是，朋友明天要來家裡一起看場重要比賽。如果客服人員知道情況是這樣，就可以跟顧客保證在比賽開播前一定會把線路修好，這樣顧客原先因為線路中斷大發脾氣，聽客服人員這樣說後可能很快就能消氣。

我們在舉另一個例子說明，某家航空公司的乘客因為飛往芝加哥的班機取消而生氣，這位乘客是要趕去欣賞女兒隔天的獨舞演出。所以問題不是改搭其他班機或前往芝加哥，而是履行去看女兒重要演出的承諾。在這種緊急情況下，其實有一些替代方案能讓顧客接受，比方說：搭機去另一個城市再開車或搭巴士、火車或轉機到芝加哥。要再次提醒大家，如果客服人員不了解顧客需求的前因後果，就無法提出這類替代方案。

這種做法當然不可能適用於每位顧客和每個問題。畢竟，不是每個人都願意跟客服人員閒聊。而且，不是每個問題都能靠替代方案解決。但是，替代定位這種做法奏效的機率，確實高到值得一試。

LoyaltyOne表示以他們公司的經驗來說，有相當高比例的顧客要求得到滿足，顯然對那些人來說，甚至沒有必要進一步提供替代方案。（不過，因為客服人員無法馬上知道顧客要求是否得到滿足，所以必要的話，還是必須了解顧客提出要求的前因後果。）

至於那些原先要求無法如願的顧客，其中大約只有一〇％的人拒絕跟客服人員聊聊自己這趟旅行的原因。在這種情況下，客服人員還是要盡全力提供可行的替代方案，運用肯定語氣這種技巧努力取得最好的結果。不過，如果顧客不願意分享更多資訊，客服人員提供不同選擇符合顧客需求的能力就會大打折扣。但這是顧客的損失，客服人員知道自己還是盡全力順利解決顧客的要求。

不過，在其他要求無法如願的顧客中，有相當高比例的顧客至少願意考慮——在許多情況下甚至願意接受——不同日期或時間的班機，或是乾脆搭機到不同目的地。而且，只要客服人員願意順勢為自己多爭取一些時間，多了解顧客一些，而不是馬上就跟顧客說「不」，最後就能創造出這種圓滿的結果。只要了解顧客要求的前因後果，找出符合顧客要求動機的一些替代方案，等候適當時機向顧客建議這些方案。

這樣做對顧客有利的原因是，能協助顧客得到自己想要的東西。這種做法不是操弄顧客或耍心機。沒錯，LoyaltyOne幫顧客順利完成哩數兌換，但是他們這樣做主要是想為顧客創造輕鬆不費力的體驗。

為了評量這種替代定位做法是否成功，LoyaltyOne建立對照組，讓一群客服人員使用新做法，另一群客服人員照本來的做法。經過顧客滿意度調查後發現，採取新做法的團隊，顧客滿意度高出八%，在「為顧客著想」這個項目的分數也高出一一%。而且，一次解決率也高出七%，成效相當驚人，同時重複來電率和向上呈報率也跟著降低。新做法也對該公司服務運作的整體成本，產生相當可觀的影響，幫公司省下不少錢。

但是，這種做法帶來的另一項驚人收獲是，客服人員每通電話的平均通話時間竟然變少一些。乍看之下，這似乎跟我們憑直覺想到的情況恰好相反。要設法跟顧客閒聊，多探聽顧客如此要求的原因，不是會讓每通電話多花一點時間嗎？

在某些情況下是這樣沒錯，詢問更多問題當然會多花一些時間。但是整體來說，這種做法大幅減少引發顧客不滿的可能性，所以跟顧客爭論、向上呈報這種事情都少很多。顧客也不會因為要求無法如願，就跟客服人員爭吵或要求跟客服主管申訴。

所以，替代定位法雖然不是萬靈丹，卻能有效減少電話客服可能產生的不利後果。這樣做不但讓顧客享受更不費力的問題解決體驗，也減少客服人員每天因為顧客不滿，必須應付的情緒化反應。

依據顧客個性特質採取解決對策

要是顧客不必按照制式化的做法跟顧客互動，反而能設計更客製化的服務，情況會怎樣？要是有辦法在跟顧客通話時，確認出每位顧客的個性特質，依此設計客製化的互動，情況會怎樣？如果真有這種技能，一定能創造優異的服務體驗，降低解決問題的費力程度。但是，真有這種可能嗎？

在各大知名服務企業裡，都有一些人似乎很懂得跟顧客溝通。有些人「天生」好像就懂得解決別人的問題。他們似乎能理解別人的需要，知道別人打哪兒來，能提供那種讓人覺得舒服的貼心互動。

有時候，那種能力被認為是有優異的同理心，有時候被當成是有母性關懷樂於助人，不管用什麼名稱，擁有這種天分的人並不多見。他們能跟顧客同一陣線，為顧客省點力，幫企業減少顧客流失。

但是讓人挫折的是，如果你問問這些優秀客服人員，他們是怎麼做到的，通常答案都是這樣：「什麼怎麼做到？」因為對這些優秀客服人員來說，這種行為只是本能。如果企業能找到更多具有這類技能的人，當然想要趕緊網羅進來。但是，這類技能很難從履歷表上看出來，也很難在面試時查覺到。所以，企業需要的是一種可傳授、可調整規模的做法，讓客服人員依據顧客的個性特質設計解決方案。本質上，這種方式甚至能讓最不懂得察言觀色的人員，也能模仿少數優秀客服人員的行為，並創造出類似的成效。

雖然我們可以運用許多方法確認顧客的個性特質，但是我們發現英國貸款銀行 Bradford & Bingley（後文稱 B & B）的做法最棒。他們使用的概念是以梅布二氏類型指標（Myers-Briggs Type Indicator）評量為基礎。許多人都很熟悉這種基本架構，就是分析個人在認知和思想模式上的主要偏好。梅布二式類型指標依據四個「二分法」，創造出一種四字母代碼來區分個人的個性。依據四個不同面向，梅布二氏人格類型指標，就以四乘四的組合形成十六種獨特的個性特質。

跟我們生活中遇到形形色色的個性特質相比，把個性特質縮小到十六種，似乎比較容易辨別，也更容易了解。但是對大多數客服人員來說，跟顧客交談二、三分鐘，根本很難判斷出顧客是這十六種類型中的哪一種類型。因此，B & B 公司跟英國行為改變顧問公司 PowerTrain 合作，運用這家顧問公司設計的架構，把顧客個性特質歸納成四種，讓一般客服人員可以更輕鬆地完成工作（見圖4.5）。

建立顧客個人檔案

想像一下把所有顧客分成下面這四個基本類別：

- 感受者，講究情感需求。
- 享樂者，性好交談並展現個人特質。
- 思考者，喜歡分析與了解。
- 控制者，想要什麼就要什麼，而且想要的時候就要馬上得到。

乍看之下，這種做法好像很簡單，但是好像對客服人員沒啥大用處。所以，企業必須再設計某種工具或準則做輔助，協助客服人員了解顧客正在展現哪種個性特

圖4.5　Bradford & Bingley的顧客個性特質架構

感受者
同理心導向
「我必須對接下來要做的事感到安心。」

個性特質：
- 合作
- 敏感
- 忠誠

記得做到：
- 請對方提供意見
- 讓對方安心
- 展現關懷

享樂者
社交導向
「我們來找點樂子吧。」

個性特質：
- 外向
- 熱情
- 隨性

記得做到：
- 維持輕鬆愉快的交談
- 提及個人資訊
- 先以「整體情勢」為重

思考者
流程導向
「花時間完整解說做法與原因」

個性特質：
- 分析
- 仔細
- 嚴肅

記得做到：
- 不插嘴
- 說明過程
- 放慢交談速度

控制者
結果導向
「我們言歸正傳」

個性特質：
- 獨立
- 直率
- 果決

記得做到：
- 直接解決問題
- 加快交談速度
- 針對結果提供清楚期限

資料來源：Bradford & Bingley銀行、PowerTrain顧問公司、CEB公司（2013）

質，如何對待那種個性特質的人。

B&B採用的這個流程其絕妙之處就是，這是一個流程。這是讓一般客服人員做出有依據判斷的一種方法論，而且客服人員通常在不超過三十秒到六十秒的時間內，就能判斷任何顧客的個性特質。最棒的是，客服人員不需要拿一堆問題問顧客，只要依據顧客用什麼措詞陳述問題及致電客服的原因就能做判斷，也不需要觀察顧客的語氣或其他更微妙的特質。

為了協助客服人員做到這樣，B&B設計一種簡單的決策樹（見圖4.6），協助客服人員做判斷。

這種流程要求客服人員最多回

圖4.6　Bradford & Bingley銀行的顧客檔案確認工具

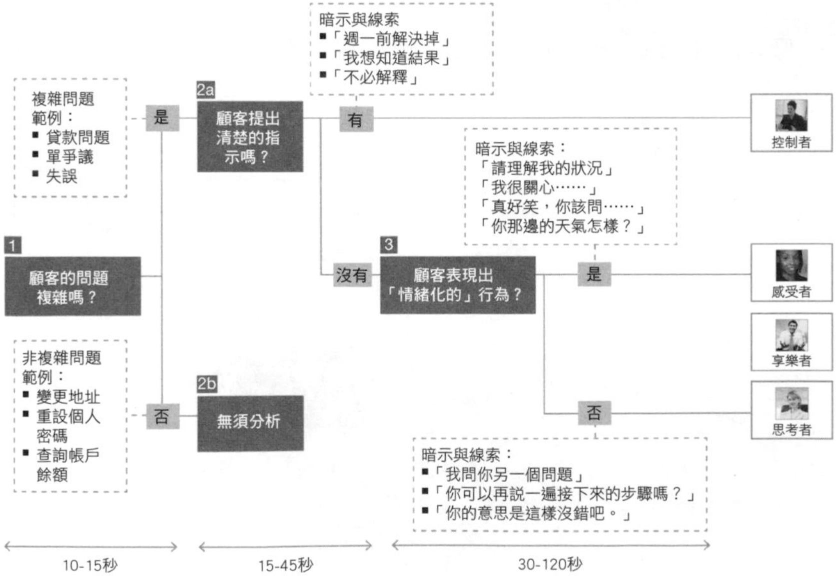

資料來源：Bradford & Bingley、PowerTrain公司、CEB公司（2013）

答三個問題，依照下列順序開始自問：

1. 顧客的問題複雜嗎？如果不複雜，問題就容易解決，客服人員就不需要繼續分析。如果顧客的問題可以很容易解決掉，不需要額外的互動（例如：變更地址或查詢餘額），那麼客服人員只要待客有禮、表現專業就可以，沒有必要把解決流程客製化。其實，在這些簡單問題的情況，B&B要求客服人員把所有顧客都當成控制者——他們需要什麼，就給他們什麼，以溫和有禮的語氣迅速解決問題。但是，如果顧客遇到的是複雜問題（例如：帳單爭議），那麼客服人員就要耐心傾聽顧客說明問題時的措詞用語。

2. 顧客提出清楚的指示嗎？如果有，那麼顧客可能是控制者。就不必再進一步分析，客服人員應該迅速簡潔地回答顧客。

3. 但是如果顧客沒有提出清楚的指示，就回答第三個（最後一個）問題：顧客表現出「情緒化的」行為嗎？如果不是，顧客就可能是思考者。如果是，那顧客可能是享樂者或感受者——接著就依據顧客情緒需求的原因做判斷。（享樂者通常性好交際，愛開玩笑和閒聊。感受者通常想表達個人觀點，希望別人考慮到他的感受。）

確認顧客個性特質是一回事，為顧客提供客製化服務，當然才是真正關鍵所在。B&B也利用一系列的摘要表格把這項要素簡化，後來這些表格成為客服人員日常工作的一大利器。這些簡單表格引導客服人員依據顧客個性特質，採取最有說服力的服務方式，最後就能為個別顧客創造最不費力的互動（見圖4.7）。

這項流程還有一項要素有點令人意外，那就是B&B嚴禁客服人員在顧客關係管理系統中，註記顧客個性特質。雖然在顧客資料檔中註記個性特質似乎是一個好主意，可以讓其他客服人員先知道該怎麼跟顧客互動。但是，B&B銀行選擇不這麼做，因為他們知道顧客檔案可能因為一些因

圖4.7 Bradford & Bingley銀行之顧客問題解決客製化準則

控制者：
結果導向

「別花時間在不必要的細節上，只要解決我的問題就好。」

記得做到：
- 直接處理問題
- 加快交談速度
- 針對結果提供清楚期限

必須展現：
- 信心
- 負責
- 「肯做」的態度

享樂者：
社交導向

「把我當人看，別用制式化的回答搪塞我。」

記得做到：
- 維持輕鬆交談的語氣
- 不要用制式化的回答
- 視狀況提及個人資訊

必須展現：
- 幽默感
- 創意
- 友善

思考者：
流程導向

「花點時間解說步驟並讓我表達意見」

記得做到：
- 不要插嘴
- 說明解決問題的流程
- 放慢交談速度

必須展現：
- 良好的傾聽技巧
- 貼心周到
- 清楚說明解決問題的步驟

感受者：
同理心導向

「了解我對問題的感受，發揮同情心幫我解決問題。」

記得做到：
- 稱呼顧客的姓名
- 向顧客保證問題會解決掉
- 表達個人關切

必須展現：
- 同理心
- 耐心
- 理解
- 真誠

資料來源：Bradford & Bingley、PowerTrain公司、CEB公司（2013）

素而改變（例如：問題有多麼急迫或顧客當時有多忙），而且該公司也不希望客服人員對顧客有先入為主的看法，畢竟顧客下次打電話進來時可能表現得很不一樣。

花時間和精力教導所有客服人員如何確認不同個行特質，指望兼職員工熟練這種技巧，這樣做真的值得嗎？根據我們對B&B團隊的觀察分析，以及跟過去幾年來採用這種聰明做法的數十家企業取得證實，這樣做絕對值得。

想想看，這樣做對顧客忠誠度產生的潛在影響。當顧客覺得跟他們互動客服人員「懂」他們在講什麼，整個互動體驗就省力得多。這就是體驗工程的精髓。記住，顧客對費力程度的認知，對企業履行服務的感受，通常是造成顧客流失的一大主因。B&B的策略讓客服人員以一種真正讓顧客覺得自己備受禮遇的方式來提供服務。

結果證實，這項做法確實有效，B&B表示顧客「願意接受建議」的比率增加二〇%。而且經年累月下來，這種做法還帶來其他好處，其中有幾項好處還出乎意料。B&B依據個性特質解決問題的頭一年，重複來電數量就減少四〇%。如果你還記得第三章針對避免後續問題所做的討論，你就知道重複來電絕大部分是因為服務體驗的內顯問題，比方說：顧客不相信客服人員提供的資訊，或者顧客只是不喜歡客服人員提供的答案。所以，針對顧客個性特質處理顧客的問題，讓B&B事先避免情緒因素引發不必要來電，結果就讓公司在服務運作成本上省下大筆開銷。

而且，該公司也表示客服人員對這種做法的參與度大幅提高。我們請B&B說明原因，該公司表示依據個性特質解決問題，不只讓客服人員的工作更有趣，不必照本宣科，還能自行判斷怎做對顧客最好，因此創造出一種截然不同的文化，不像大多數服務企業那種照本宣科、制式化、講究「命令與控制」的文化。

這種做法也創造出對顧客、企業和客服人員都再好不過的三贏局面。

總之，在「制式化」服務中，客服管理團隊定義怎樣做才「好」，然後指望所有客服人員遵守標準，但是在採用「持續調整服務」這種做法後，每位顧客被當成不同個體對待，整個企業文化因此發生改變。由此可知，光是告訴客服人員在各種狀況時要怎麼做還不夠，企業顯然必須重新思考，怎樣管理客服人員，才能持續落實這種優異的服務。

所以，我們跟往常一樣進行另一項研究專案，這次我們就以客服職能管理為探討主題。我們的目標是要了解那些提供省力服務的企業，如何管理客服人員。他們究竟採用什麼不同的做法？B&B知道要完全掌控客服人員的行為，要客服人員聽命行事，就無法設計出客製化、個人化的貼心服務體驗，所以在採用新做法的同時，B&B如何取得掌控呢？

後來，我們從研究專案獲得的發現讓我們大感驚訝，也讓我們有另外一項突破，同時也讓已經開始著手為顧客提供省力體驗的數百家公司因此受惠。

重點摘要

- 顧客對服務體驗費力程度的認知，有三分之一受到「實際做什麼」所影響，另外三分之二的比例則受到「感受」所影響。所以，顧客對費力程度的感受，大部分取決於顧客覺得服務互動費不費力，至於互動費不費事倒是其次。
- 管理顧客認知不是只跟待客有禮有關。「體驗工程」是管理顧客回應的一種方式。這種做法在形式和目的上，都跟傳統柔性技巧有顯著的不同。體驗工程是以行為經濟學為依據（利用支持、替代定位和定錨效應這類技巧），以有目的性的語言讓顧客欣然接受跟原先要求不同的結果。

第五章
管理客服人員要欲擒故縱

對於那些在客服界打滾一輩子的人來說，我們必須認清一個殘酷的事實：不管企業為了創造最佳顧客體驗投入什麼技術與策略，每天還是必須藉由成千上百名客服人員來落實那種體驗。所以，掌控權是在客服人員手中，不在領導團隊的手中。

想要利用省力的顧客體驗來減少顧客流失，就完全要靠第一線客服人員善盡職責；但難就難在，這些客服人員大都是拿時薪的兼職員工。換句話說，總公司那些聰明主管設計的高超戰術，成敗就看第一線成千上百的客服人員怎樣行動，但是這些人來上班可能只是需要穩定的收入，所以他們未必會對工作盡心盡力。面對這項殘酷的事實，許多公司乾脆選擇逃避，不想認真思考這件事。

其實企業顯然都要仰賴每位客服人員的技巧和能力，才能落實本身苦心設計的策略，並達成獲利目標。客服人員在接聽電話時，主管並沒有在旁監聽（除非顧客要求跟主管通話），也沒有設立安全網。因此，企業針對大多數客服運作普遍採取的人員管理策略就是，對每件事都嚴格控管，盡量減少企業可能承擔的風險。所以常見的情況是，企業仍舊要求客服人員在跟顧客互動時照本宣科。大多數企業還是把重點放在早已過時的生產力評量，比方說：設法降低平均通話時間（average handle time, AHT），利用查核表進行品保評量（quality assurance, QA），要求每位客服人員在每次互動時的一舉一動。企業設計這種環境，顯然是為了管控員工。有些公司（尤其是管制產業）更是嚴格採取這種做法。

不過我們發現，為顧客省力的服務組織都採用截然不同的運作方式和人員管理方法，這也是創造世界級顧客體驗的第四項要素。如果你到這類為顧客省力的企業參觀，你會發現這些公司的客服中心運作方式不太一樣。你不會看到平均通話時間顯示器提醒客服人員趕快結束通話，也不會看到品保人員在查核表上打勾，評量服務的一致性。而且，沒有人在現場告訴客服人員要把顧客姓名說三遍，要感謝顧客的惠顧，或讓顧客在電話上還能感受到客服人員「笑容可掬」。

在為顧客省力的服務組織裡，客服人員可以自行判斷怎樣做才能讓顧客獲得最棒的體驗。換句話說，最優秀的客服組織體認到大多數企業沒有悟出的這項重點：

> 為了取得掌控，就要欲擒故縱。

這並不是紙上談兵或實驗室裡的某種空談幻想。我們講的是事實，而且全球各地有前瞻性的服務企業已經這樣做。這些前瞻企業領導人比一般企業更快領悟到，顧客期望和需求正在迅速變遷，而且變遷速度比以往更快。很多以往稱霸一方的服務企業採用的服務策略早已過時，有的不夠完備，有的甚至糟糕到對企業造成危害。依照我們在客服界打滾多年的經驗，我們可以理解為什麼有那麼多服務主管還不敢面對現實，希望一切能如往常一樣。

但是，對那些願意面對現實的人來說，差別就相當驚人。過去二十年來，顧客期望和符合那些期望所需的客服技能，都產生相當大的轉變。以往大多數顧客的問題都差不多（因此企業把客服中心當成工廠來管理）；但是現在，簡單的問題都由自助服務這種做法處理掉，剩下的問題就比較複雜。再加上顧客期望愈來愈高，又能透過網路和社群媒體對無法達成他們期望的企業大肆批判，所以客服人員如今要面臨的挑戰和風險就比以往高出許多（見圖5.1）。

所以，在這種情況下，難怪我們最近進行的一項調查顯示，有八〇．五%的服務組織表示，自家客服績效在過去幾年內都沒有顯著的改善（見圖5.2）。

就某方面來說，這個消息真令人沮喪。畢竟，管理階層花那麼多心思要創造絕佳的顧客體驗，大多數客服人員那麼耗精費神要讓顧客取得最好的成果，結果卻一點進展也沒有。這種情況就像要上樓卻搭到下樓的手扶梯，不管你多麼努力也毫無進展。不但無法提高客服人員的績效，甚至還會導致客服人員績效下滑，這種無力感讓服務主管百思不解。某大銀行客服主管就跟我們

圖5.1　顧客服務的二種時期

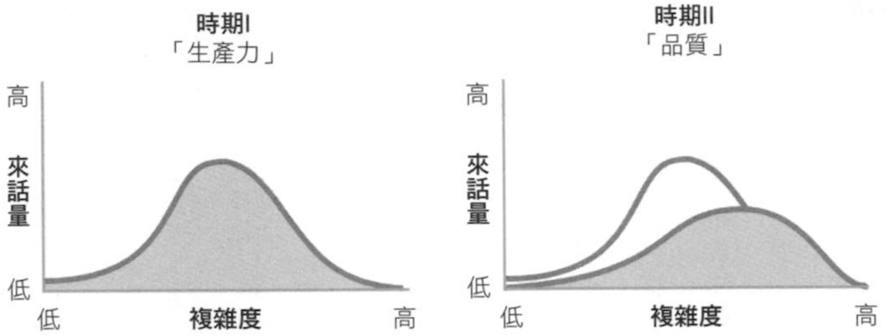

	時期I「生產力」	時期II「品質」
客服作業	■ 來話量高，簡單和複雜的問題都有	■ 簡單問題由自助服務解決，剩下的來話量較低但問題較複雜
顧客期望	■ 簡單問題趕緊解決掉	■ 提供客製化支援，解決複雜問題

資料來源：CEB公司（2013）

圖5.2　客服績效改善趨勢（根據企業陳述的資料）

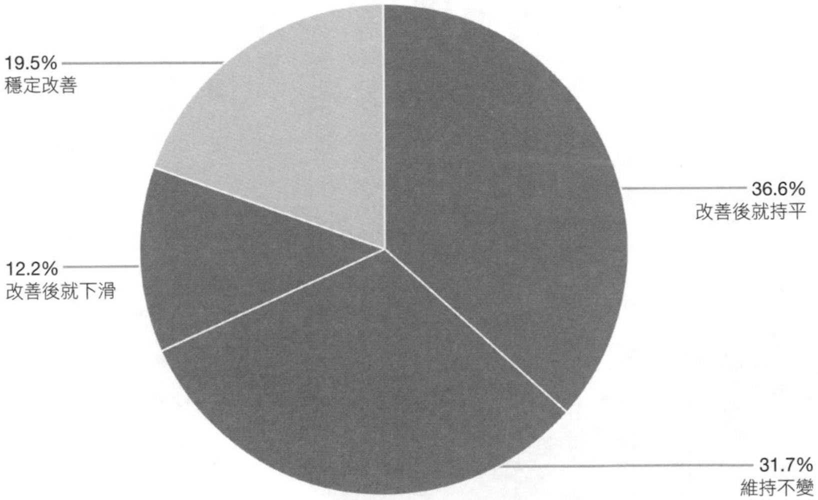

樣本數＝41家公司
資料來源：CEB公司（2013）

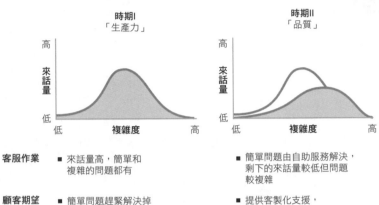

說：「客服人員似乎無法滿足顧客的期望，而且我們公司每年的員工流動率高達三〇%，這表示我們找一批新人進來，又看著他們離開，通常這些人都是因為顧客苛求，制度又不夠變通才紛紛求去。」

在顧客期望和要求如此迅速變遷的世界裡，我們該怎樣讓客服人員做好因應的準備？究竟哪種員工最能適應當今這種顧客環境？企業該招募哪種人才擔任客服職務？哪些技能和行為會對客服績效產生最大的影響，尤其是對降低顧客費力程度影響甚鉅？哪種訓練、指導和獎勵方案能產生最大的成效？總之就是，企業必須考量這二個問題：企業該怎樣讓客服人員做好準備，在當今環境中致勝？如果我們想為顧客提供省力體驗，哪些技能最重要？

為了解答這些問題，我們針對客服績效進行一項最全面也最廣泛的研究，希望得知哪些技能和行為，對改善顧客忠誠度和創造優異顧客體驗的影響最大。雖然這項工作牽涉面廣，邏輯運算又複雜，但是主題卻相當簡單：如果我們可以知道許多個別客服人員所用的技巧和主要行為特質，然後把那些技能和行為跟個別客服人員的績效水準做對照，會出現什麼結果？如果我們可以知道每位客服人員擅長什麼，把個別客服人員的績效跟同儕做比較，然後重複這個流程對幾百位客服人員都這麼做，我們就能開始推衍出更清楚的結論，知道哪些因素最能創造優異績效。

為了對個別客服人員有更深入的了解，我們向最了解客服人員的主管求助。後來，我們取得全球各行各業四百四十名客服主管的協助，這些人來自不同產業，運用不同的經營模式，公司規模有大有小，在地理位置和文化方面也各有不同，因此讓我們的樣本更具代表性。

我們請這些主管隨機挑選三位熟悉部屬，提供這些客服人員的詳細資訊。這樣一來，我們就有一千三百二十名客服人員的資料可供分析。接著，我們請主管評量三位部屬在超過七十五項技能領域的專業程度。我們假設這份有關行為的詳盡清單可以讓我們多少了解一下，優秀客服人員怎樣在當今險峻的客服環境中表現優異。

經過這種技能分析後，我們請主管依據顧客滿意度、淨推薦值、一次解決率和顧客費力程度分數這些影響企業營運成敗的因素，評量客服人員的個別績效在整體客服人員績效的排名。這些人表現最優異嗎？或是表現普通？還是表現很差？

最後，在比較完一千三百二十位客服人員的個別技能跟績效排名後，我們清楚看到一些結論，有些結論證實我們先前的懷疑與假設，有些結論則讓我們大開眼界。

我們從兩個分析流程獲得這些發現。首先我們進行績效因素分析，讓我們知道原先七十幾個技能其實可以歸納為四個類別，每個類別都有共同特質且彼此相關。

接著藉由迴歸分析，我們得以解答關鍵研究問題，也清楚發現四類因素中，哪一類因素在當今顧客至上的環境中，對提升客服績效的影響最大。

現在，我們就依據這四類因素對客服績效影響程度由低到高的順序來做介紹。第一類因素是由下面這四個技能組成：

- 好奇心
- 創意
- 關鍵思考能力
- 有實驗精神

這四種技能加總起來剛好就是我們大多數人說的事先解決問題，或者也可以稱為智商（IQ）。而且我們的分析顯示，在這方面表現超過一般水準，就能讓客服績效提高三・六％。（我們在此告訴大家的客服績效提升，是以技能與行為表現第二五百分位數，跟第七五百分位數的客服人員做比較——所以並不是拿最壞跟最好做比較，而是拿「不太好」跟「很好」做比較。）

想想看如果顧客滿意度、淨推薦率或顧客費力程度出現三・六％的改善，成效有多大？其實我們共事過的每家公司都表示，客服績效提高三・六％會讓整體顧客期望評量有顯著的提升。記住，智商是這四類因素中影響最低的一個，所以接下來我們會看到更多好消息。

第二類因素由下列六項技能組成：

- 展現產品知識
- 展現技術專業

- 信心十足的溝通
- 清楚明確地表達
- 提出適當的問題
- 可以同時處理很多件事

我們把這個類別稱為**基本技能與行為**，這些是大多數主管期望客服人員具備的基本技能。在這方面表現優異的客服人員，績效就高出五．一％。這項分析結果很有道理，如果你的客服基本技巧比一般人好些，你的客服績效當然也比一般人好些。

但是，第三類因素也跟基本技能一樣重要，只是這類因素對客服績效的提升影響更大。這類因素是由下面這六項技能組成：

- 同理心
- 有辦法應付不同個性類別
- 遵守顧客服務規範
- 外向（例如：能自在地跟陌生人互動）
- 支持顧客
- 有說服力

這類因素可以統稱為情緒商數（emotional intelligence）或簡稱為ＥＱ，情緒商數高就能讓客服績效提高五・四％。

跟智商或基本技巧與行為相比，情緒商數對客服績效的影響較大，但兩者其實只有些微的差異。而且，如果公司只要考慮上述這三類因素，就很難決定在招募訓練人員時要特別強調其中哪一項因素，因為這三類因素對客服績效的影響都很有限。如果企業打算把所有資源放在這三項因素的其中一項，或是乾脆把資源平均投資在這三類因素以避免風險，就會發現這樣做成效有限，無法讓客服績效顯著提升。

不過我們發現，企業不是只有這三種選擇，還有另一個選擇，也就是第四類因素（先前沒被找到的「失落環節」），其影響力比前三類因素要大得多。事實上，這類因素的影響力還大於前三項中任兩項因素加總的影響力。第四類因素是由下面這五項技能和行為所組成：

- 復元力
- 有辦法應付高壓狀況，不會因此身心俱疲
- 為自己的行為負責
- 能虛心接受主管善意的批評
- 能長時間專注於本身的職責

圖5.3　不同客服技能類別對客服績效的影響

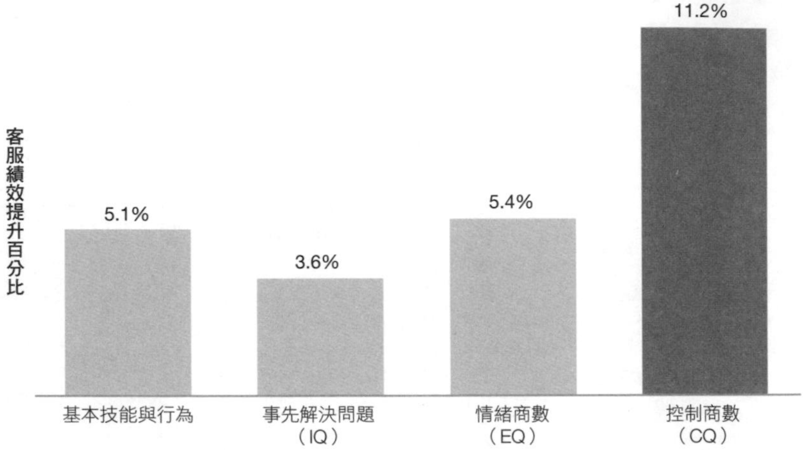

樣本數＝440位主管、1,320位客服人員

以統計方面來說，這五項技能彼此相關，卻跟先前談到的三類因素無關。這項發現出乎我們的預料，因此我們花相當多時間檢視這類技能，並提出一些假設說明這類技能為何如此重要。我們把第四類因素稱為**控制商數**（control quotient），簡稱為CQ。接著我們就來談談為何以此命名，以及我們為何認為這類因素對當今客服互動如此重要（見圖5.3）。

在當今複雜的顧客環境中，我們愈來愈清楚地知道，第一線人員能否掌控跟顧客的互動，就是企業成敗的關鍵要素之一。客服人員必須有辦法全心投入工作，靈活因應極具挑戰性的個人狀況，因為顧客可能針對問題出現情緒反應。通常，企業如果無法徹底解決顧客的問題，顧客可能當下就大發脾氣。

想像一下，如果顧客得知故障產品已過保固

期，廠商又沒辦法販售替代品。或者，飯店房客得知沒有大房間辦家庭聚會，只好讓一些家人住到距離蠻遠的另一間飯店。

出現上述狀況時，要讓顧客保持冷靜，就要使用肯定語氣和替代定位法，才能在這麼複雜又有挑戰性的狀況下，跟顧客創造情感連結。這一切就需要相當程度的個人控制。更重要的是，第一線客服人員必須能馬上察覺到，公司不可能完全滿足每位顧客的要求。有時候，公司沒辦法提供顧客需要的解決方案，最多只能做到發揮同理心並祝福顧客一切順心。但是，顧客在這種情況下可能引發的反彈和爆發的情緒，可能會讓某些客服人員的心靈大受打擊，尤其是那些復元力較差又無法控制自己情緒反應的客服人員，就會因此士氣低落。

然而，當今顧客環境中最重要的不是客服人員能應付特別難纏的顧客，而是在應付完難纏顧客後，該怎麼平心靜氣接聽下一通電話，還有下下通和接二連三打進來的電話。

有些客服人員在經歷棘手互動後情緒低落，兩眼呆滯或開始自我保護。我們可能遇過這種客服人員，他們講話有氣無力，很像一板一眼的機器人，一點人情味也沒有。跟這種客服人員互動，顧客就要多花一點精神，還只能得到次等的體驗。這種客服人員提供品質極差的客服體驗，也拉低企業實現忠誠度目標的能力。這就是為什麼企業要在當今顧客環境中致勝，就要特別重視控制商數這五項特質的原因。

我們愈深入探討控制商數就愈明白，不管各行各業，那些在日常工作中要承受高度壓力和情緒波動卻能表現優異的人，其實都具有類似的特質。

以護士這個工作為例，護士要照顧正在經歷人生最大挑戰的病患。有些病患是可怕意外的受害者。二小時前，他們還健健康康、無憂無慮；現在，他們人在醫院病床上哀嚎，有些病患突然發現自己快死了。但是，優秀的護士能夠專心照顧好一名病患，不管跟病患的互動結果如何，都能整理好情緒到下一間病房照顧另一名病患，好像先前在隔壁病房發生的不愉快根本沒發生過。那就是自我控制的精髓所在。

其實，護士都秉持這個座右銘，當她們跟病患有過特別糟糕的互動或讓情緒因此起伏時，就用這個座右銘互相打氣或自己默唸在心。這句座右銘就是：別放在心上（Quit Takin' It Personally，簡稱QTIP）。

有位在急診室和精神科病房工作二十多年的資深護士告訴我們：「當你因為先前那位病患而情緒不好時，你不能讓情緒影響你對下一名病患的服務，因為下一名病患有權得到我的專業服務。不能因為我剛才發生的不愉快，就沒辦法盡全力為下一名病患服務，這樣就太不公平了。所以，我不會把先前發生的事放在心上。不管在任何狀況下，我都會全力以赴，每次都用嶄新的心態服務下一名病患。」

現在我們更清楚地了解到，要能從上一個狀況馬上抽離，轉換心態服務下一名病患（顧客），就需要先前提到構成控制商數的那五項技能和行為。這個失落的環節確實有必要逐一探討與定義。

我們從迴歸分析清楚得知，控制商數的影響力相當大，足以讓企業原本平庸無奇的客服績效，大幅提升到世界級的省力顧客體驗，不但幫企業減少顧客流失，也讓企業取得經濟優勢。

提高客服中心的控制商數

顯然，一旦客服主管察覺到控制商數這麼有影響力，馬上會好奇也好學地問：「我要怎麼做，才能提高自家團隊的控制商數？」

於是，服務主管們假定要提高自家團隊的控制商數，就要在招募作業上做些改變，增加一些篩選標準，找到天生就有「高控制商數」的客服人員。我們訪談過的許多企業都想知道，怎樣從個人履歷表中看出應徵者是否具備高控制商數，他們也想知道在面試時可以用什麼問題或測驗，找出控制商數最高的應徵者。企業這樣想當然很合理，畢竟控制商數可是亟須解決的一大難題。

在我們針對一千三百二十名客服人員做的分析中，我們獲得一個相當驚人的發現。只有六%的客服人員的控制商數很低。

我們發現在其他九四%的客服人員中，有三〇%的客服人員已經具有高控制商數。這些人天生就懂得「自我控制」，他們天生就能從負面體驗中迅速復元。以運動方面來說，這種心理特質就稱為「短暫記憶」，高爾夫球員錯失兩呎推桿入洞贏得比賽的機會，但在下次參賽時，就要拋開上次比賽的情緒袍袱才不會影響日後的比賽成績。**所以，要抱持著壞事好像從未發生過的心態。**

而九四%的客服人員就等於是一般核心員工，至少都有中等程度的控制商數，或者說他們至少有潛在的「基因」，可以在適當情況下充分發揮本身的控制商數。原因其實很容易理解：客服中心也有物競天擇的現象，沒有任何控制商數的人很快就會覺得自己無法勝任工作而求去。

不過，雖然就客服團隊來說，**個人控制商數的差別不大，但就不同企業的控制商數而言**，差別卻相當顯著。換句話說，雖然大多數客服人員具備一定水準的控制商數，但是以不同企業的觀點來看，差異就很顯著：有的企業控制商數高，有的企業控制商數低，情況一定是這樣（見圖5.4）。

乍看之下，你或許認為可以用產業別來說明，為何有些企業控制商數較高，也有可能是新創事業讓員工愛怎麼做就怎麼做。但是根據我們的發現，控制商數最高的那些企業乍看之下都沒有什麼共通點，他們雇用的客服人員跟一般企業沒有什麼不同，也沒有採用不同方式來篩選客服人員，而且客服人員的薪資也沒有比較高，工作規範也不是特別有彈性到「可以帶寵物一起上班」。事實上，如果你走進高控制商數的企業瞧瞧，你不會發現這類企業跟其他企業有何不同。但是，**真正龐大的差異並非肉眼可見。**

圖 5.4 不同公司控制商數屬性的平均水準

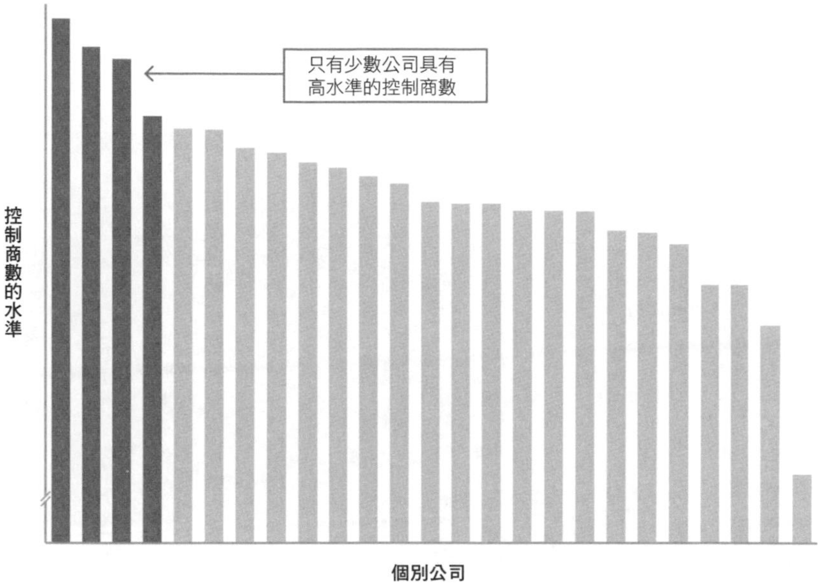

樣本數＝33家公司
資料來源：CEB公司（2013）

我們跟高控制商數企業和低控制商數企業的客服人員進行一系列的深入訪談，我們提出的關鍵問題之一是：「你最喜歡工作的哪一點？」如你所知，這個問題的設計宗旨是為了得到正面回應。我們不想問人們是否喜歡他們的工作，也不想以開放式問題，聽客服人員滿腹勞騷和抱怨。

但是在當今更複雜、顧客要求更嚴苛的環境裡，我們想要知道客服人員每天願意緊守崗位的原因。是什麼原因激勵他們想做這麼棘手的工作，要處理極具挑戰性的問題，應付情緒善變的顧客？

你可以試著從客服人員給我們的答覆中尋找答案。以下我們引述低控制商數企業客服人員所給的答覆：

「我喜歡這份工作的工作時間，而且我週末不必上班。」

「我喜歡協助顧客，只要時間允許的話。」

「我喜歡公司提供的福利和獎金。」

「三個字：有保障。」

「當客服人員薪水不錯啊。」

值得注意的一項重點就是，這些員工並不痛恨他們的工作，他們認真工作，投入時間並得到不錯的薪資，也享受工作保障和良好薪資，這樣當然沒有什麼不對。

但是相較之下，高控制商數企業客服人員針對自己最喜歡工作哪一點，所做的回覆就比較感性：

「我很感激主管信任我能自行把工作做好。」

「公司的工作環境很好。」

「我有權決定怎樣做對顧客最有幫助，這樣我就能自由發揮達成目標。」

「在處理顧客問題時，公司管理團隊信任我的決定，我覺得這樣實在太棒了。」

「以前我待的公司做起事來總是綁手綁腳，主管連小事都要管，但是現在這家公司實在太棒了，主管不會凡事都插手。」

請記住，這些員工跟低控制商數企業的員工並沒有什麼兩樣。他們並未展現出較高的智商或情緒商數，在薪資和訓練方面也沒有太大的不同，也都不是從知名大學畢業。那麼，究竟是什麼不一樣？

除了原本針對控制商數所做的研究，我們還針對五千六百六十七名客服人員進行大規模的調查，設法得知並探討客服工作體驗的共通點與差異性。我們調查像人員管理、與主管關係、同事互動及組織「內規」和政策等項目。

從這項大規模調查中，我們發現一個重大差別——也就是區別差異的關鍵所在，原來解放控制商數潛力的關鍵就是：環境。

不是訓練、不是人員、而是人們每天所處的環境，創造出較高的客服績效、較省力的顧客體驗，最後讓企業因為顧客忠誠度提高而受惠。其實如果把低控制商數企業的客服團隊，原班人馬換到高控制商數企業裡，這些人的績效就會馬上提高，我們這樣講一點也不誇張。同樣地，把高控制商數企業的客服團隊，換到控制商數較低的工作環境裡，很可能會開始看到低績效的一些徵兆出現，也會發現整體團隊的客服績效慢慢下滑到同業平均水準。

那麼，不同工作環境為何如此不同？這項差別不是有形或顯而易見的，不是因為客服中心採取明亮色彩裝潢、使用人體工學座椅或提供免費飲料機，而是基於截然不同的要素。

創造一個高控制商數的環境

我們深入分析資料時發現，有三個獨特關鍵能讓企業控制商數潛力得以發揮，而且這三個環境因素完全在客服主管的掌控範圍內：

- 信任客服人員的判斷
- 客服人員了解並配合公司的目標
- 有實力堅強的客服同儕支援網路

在其他因素都一樣的情況下，這三個因素就是讓一般組織轉型為世界級省力服務提供者的差異所在（見圖5.5）。

圖5.5　控制商數的環境因素

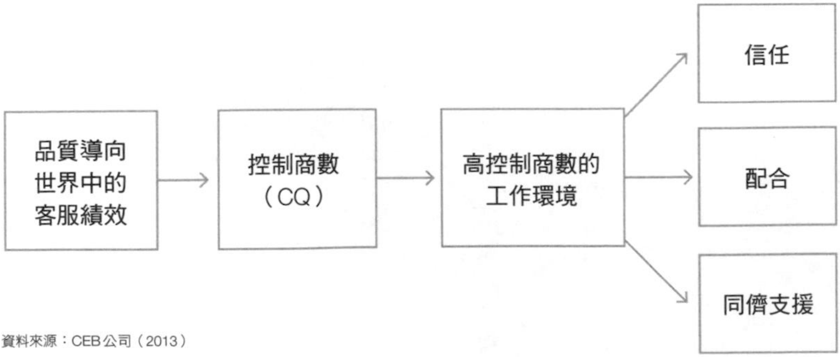

資料來源：CEB公司（2013）

接著，我們逐一檢視這三項因素，並以實例說明這些概念如何在企業中運作。

控制商數關鍵1：信任客服人員的判斷

在高控制商數企業中，客服人員認為自己有權決定怎樣做對當下互動的顧客最好。我們知道對許多管理團隊來說，這種主張聽起來實在太嚇人了。允許客服人員做任何事都行，只要對顧客最好，這樣似乎是讓客服人員和顧客可以胡作非為。所以，我們必須把「信任」一詞做更清楚的定義才行。

是的，不管是面對哪位顧客，隨時都能恣意而為，這種沒有限制、不經檢驗又不設防的全然自由，似乎跟管理概念背道而馳。但是，在每位客服人員每項行動都受到嚴格管控及客服中心允許完全自主這兩種極端管理之間，其實還有中間地帶存在。

就拿提供「具一致性的卓越服務」這項概念來說，對顧客而言，現在各行各業的服務組織幾乎都這樣自我標榜。那是理所當然的事，畢竟不可能有管理團隊不希望朝這個目標邁進，每家公司都希望自己能提供更多顧客更一致的卓越服務。

但是，差別就在於企業如何應用一致性這個概念。在控制商數低的企業，不管是明說或心照不宣，大家都認為一致性要靠「對顧客一視同仁」來達成。主管跟客服人員說教，要求大家用制式化的語言和同樣的方法來判斷所有顧客的問題，並且採用預先設定的解決方案來解決類似的問題。我行我素的客服人員就會被主管訓誡，認為他們這樣做不符合公司的服務標準。如果客服人員老是不依照服務標準做事，公司就以績效管理辦法處理。

控制商數低的企業認為，管理團隊已經決定好客服人員應該怎樣解決問題，這表示客服工作必須堅守遊戲規則，而且是持續一致地遵守。其實企業這樣做是有道理的，也似乎是最安全的做法。對於每年要應付幾百萬名顧客的成千上百位客服人員來說，這似乎是降低服務風險的最佳做法。況且，風險管理顯然是任何服務管理團隊的首要職責之一。

只不過有件事例外。這種高壓式的控制手段在五或十年前還行得通，因為當時顧客問題和服務期望都很容易掌握且變化不大，但在如今顧客至上的環境裡，這種做法只會讓成效低於標準。這就是為什麼在高控制商數企業，絕對不是以對待顧客一視同仁的方式，來達成具有一致性的卓越服務。畢竟，顧客有不同的個性、需求和期望，他們對於本身問題的理解和陳述能力也大不相同，跟貴公司互動的體驗和產品體驗也各有不同。若說其中有什麼一致性的話，那就是每位顧客都想要跟懂他們需求的客服人員互動。

信任客服人員的判斷會對控制商數造成一四％的影響，也就是說企業愈信任客服人員的判斷，企業的控制商數就愈高。而且，這項因素會對整體績效造成顯著的影響，因此在討論職場信任時當然應該詢問這項重要問題：「你信任自家員工嗎？」難怪當我們針對客服主管進行調查時，幾乎沒有任何主管表示自己從未信任員工，或對員工只有些許信任。

但是後來我們發現，我們根本問錯問題。

更重要（也更傷腦筋的）問題是：「貴公司的員工覺得自己受到信任嗎？」而且我們不斷從客服人員聽到的答案竟然是：「我不怎麼覺得自己受到信任。」這個答案其實也不令人意外，許多工作環境（尤其是客服人員為數眾多的環境）大多充滿不信任感。跟曾在大賣場工作過的人問問看就知道，他們私人的包包一定被抽檢過，公司怕員工「順手牽羊」把商品挾帶出去。有些公司甚至要求員工接受測謊，調查員工是否行為不當。你不會以為銀行裝那些監視器是為了抓搶匪吧？如果你去過賭場，你就會看到天花板上佈滿好幾百個監視器，提醒大家別作弊，但是全面監測攝影網路的實際作用是保護賭場，避免員工監守自盜。男星羅勃·狄尼諾（**Robert De Niro**）在馬丁·史柯西斯（**Martin Scorsese**）導演的電影《賭城風雲》（*Casino*）中就說：

「在賭城，大家都要提防別人。發牌員要注意莊家，現場主管要注意發牌員。分區經理要留意現場主管，賭場經理則要看著分區經理。我呢，則要盯著賭場經理的動靜。而我們所有人的一舉一動，都逃不過監視器的錄影。」

在典型客服環境中，則是以監聽做為管控手段。顧客來電都加以錄音，之後由品保小組私下監聽，依據嚴格的績效要素查核系統替個別客服人員打分數，這些績效要素包括：

- 客服人員是否使用合宜的標準招呼語？

- 客服人員是否確認顧客資訊以確保帳戶安全？
- 客服人員是否依據標準問題解決指南判斷顧客的問題？
- 客服人員是否以適當方式結束通話（比方說：假設顧客問題已經完全解決，並再次感謝顧客對公司的支持）？

許多品保查核表涵蓋客服人員每次跟顧客互動時必須展現的幾十項必要要素，有些要素甚至已有明文規定，面對每位顧客時必須一字不漏地逐字重述。

這樣做根本跟信任背道而馳。

我們在某大消費電子廠商的客服中心目睹過這種例子。當時那家廠商的管理階層強調，要提醒客服人員接聽每通電話時取得顧客的郵遞區號。原因是某個組裝廠的品質出了一些問題，這家廠商想利用區域模式得知哪些地區的來話量較多，找出哪家組裝廠有問題。

我們在現場跟著廠商品保小組一起抽樣監聽顧客來電，下面是其中一個例子：

顧客：真高興電話終於接通了，我真的很需要你幫忙。我在女兒獨舞會現場，但是攝影機故障了。重點是，我太太出差不能來看，我一定要幫她把女兒的表演錄下來，不然我肯定會完蛋。現在，表演不到五分鐘就要開始了，我卻不知道該怎麼辦。你可以幫我嗎？

客服人員：當然可以，先生……請問您的郵遞區號是？

顧客：郵遞區號？這跟我的郵遞區號有什麼狗屁關係啊？現在你快點幫我啊！

這就是企業不信任自家客服員工時會發生的典型實例。當企業要求每通顧客來電都要遵守所有制式化標準，不讓客服人員以更合乎常理、隨機應變又有人情味的方式應對顧客，那麼整個互動就會變成機械化的制式交談。

遺憾的是，根據一般公司的規則和評分標準，這種互動通常會被評為「最佳」。客服人員照章行事，遵守公司的規則，逐一完成查核表上列出的各個項目，按照管理階層的要求做好自己的工作，才能確保個人績效在水準以上。

但是對顧客來說，這種沒有人情味、機械式的服務根本不是最佳的服務。（附註：後來這家廠商的品保小組跟我們坦承，他們自己私底下最痛恨這種客服電話。他們都知道這種互動會讓顧客多麼痛苦，但是因為公司制度強迫他們依據查核表上訂定的標準評量客服電話，在別無選擇的情況下，他們只好把這種電話評為最佳服務。）

擺脫查核表心態

在我們針對全球服務組織進行的調查中，我們發現有六四%企業的績效標準既嚴格又死板。另外，有超過三分之二的企業監控客服人員以確保客服作業的一致性。我們已經告訴大家，這種做法剛好跟顧客想要的服務背道而馳。但顯然，完全放任客服人員自行判斷也不是最好的做法。那麼，究竟怎麼做才適當？

現在，我們看到愈來愈多企業開始廢除標準查核表那種品保做法，以更有變通性的架構取而代之，讓客服人員跟每位顧客互動時有更大的彈性。英國某家銀行就是這方面的實例。這家銀行依據跟特定成效有關的一組核心能力來評量客服人員的績效（這類標準依據不同服務部門或職別而異）。

這種「可調整的品質架構」具有五種不同的「熟練水準」，而且每種水準都有清楚的定義。銀行客服主管在教導每位客服人員時會先聽取電話錄音，並對客服人員的熟練水準達成共識。舉例來說，銀行依據下列這六項核心能力來評量催收部門的客服人員：

- 跟顧客的互動
- 找機會創造對雙方有利的解決方案
- 掌控交談

- 協調技巧
- 能把緊急問題儘速解決
- 如果問題無法解決也能順利向顧客說明後果

這家英國銀行就利用這些標準，定義每項核心能力的熟練水準，比方說：「跟顧客互動」這項核心能力就分為五種水準（見圖5.6）。

這家銀行讓客服人員清楚知道這項訊息：你知道我們都要為公司齊心協力，你的目標應該是持續精進讓個人及大家獲致成功所需的技能。因為每通來電和每位顧客都不一樣，所以沒有哪一套規定或準則能適用各種情況，但是跟顧客順利互動所需的基本核心能力都是一樣的。公司相信你能為每位顧客提供最好的服務，也相信你會持續努力精進自己的技能。如果你正在為這兩件事

圖5.6　英國某銀行客服核心能力準則（精簡版）

核心能力準則範例：互動	
熟練程度	**核心能力說明**
新手	■ 我們會分心、會被打斷，或會請顧客把先前提供的資訊再講一遍。 ■ 我們跟顧客討論卻忽略顧客的感受。
開始上手	■ 我們開始練習主動傾聽的技巧，卻忘了放慢交談速度。 ■ 我們無法察覺跡象，了解自己可能弄錯方向、策略或學錯東西。
普通熟練	■ 我們在跟顧客協調時採用合作支持的語氣。 ■ 我們提出問題並釐清狀況。
熟練	■ 我們運用同理心取得顧客的信任，並激勵顧客償還帳款或取得滿意的成果。
專家	■ 我們透過密切互動跟顧客建立良好的關係。 ■ 我們提供顧客實用的建議，並讓顧客知道該優先解決什麼問題。

資料來源：英國某銀行、CEB公司（2013）

而努力，那麼你是往正確的方向邁進。沒有人會告訴你要做什麼，但是你必須鞭策自己跟大家一樣，在核心能力和工作成果等方面持續改善。你的主管、指導員和同事都會盡力協助你，讓你在這裡能有最好的發展。

沒有查核表，其實只有像常識般的指引，就這樣。

英國這家銀行改採更有彈性並以核心能力為主的做法後，已經讓客服團隊獲得相當顯著的報酬。在一年內，銀行催收團隊在電話上追繳到的逾期帳款就增加八%。另外，也有高達五〇%的顧客同意特定付款計畫。這些驚人成效告訴我們，管理客服人員不是只能像往常一樣，用寫滿客觀標準的清單跟客服人員下指導棋並批評他們。

把時間壓力去除掉

長久以來沒有人質疑過客服中心的這項運作前提——客服通話時間愈短，運作就愈有效率。通話時間愈短表示每小時能接聽更多通電話，需要雇用的客服人員就愈少。客服中心是依據所謂的平均通話時間（average handle time，簡稱ＡＨＴ）追蹤效率。這種方式是計算所有顧客來電的平均通話時間，並以下列各種方式進行評量：

- 整個作業的整體平均通話時間
- 不同顧客區隔的通話時間或不同公司產品使用者的通話時間
- 依據不同輪班時間或個別主管、甚至是個別客服人員而計算的平均通話時間

不管是採取哪種評量方式，服務部門的每位成員都知道每通電話都被計時。就好像時鐘滴滴答答地走著，沒有人能逃脫這種嚴密的監督。這種評量系統無所不在，也對每位客服人員造成一種無形的壓力，讓客服人員為個人績效和服務目標之間矛盾不已。客服新手很快就知道，要為顧客提供優質服務花的時間就會超過平均通話時間，但是一旦通話時間變長，就會讓個人績效受損，主管就會認為他們沒把工作做好。

不過現在簡單問題已經交由自助服務這種方式處理，加上顧客開始更加重視個人化的服務，服務主管開始體認到互動的品質遠比榨乾每位客服人員的生產力來得重要。企業怎麼可能要求客服人員在留心時間分秒流逝的同時，又能專心提供每位顧客個人化的獨特服務？

事實上，資深品保經理告訴我們，他們發現客服人員都有一種傾向，只要剛花很多時間幫顧客處理完一個複雜問題，客服人員在接聽下一通電話時，一定會草草了事，很快就講完。就算下一位顧客遇到的問題也很複雜，客服人員還是會故意盡一切可能，趕快結束那通電話，這樣才不會讓自己的平均通話時間提高太多，把個人績效搞砸了。

如果客服人員接聽太多通較花時間的來電，就會暗自擔心主管很快會打電話來「善意提醒」他們，要注意自己的平均通話時間。更糟的是，就算主管沒注意到這種情況，客服人員自己通常會感受到時間壓力，有時甚至不自覺。因此，高控制商數企業選擇放棄評量平均通話時間，有些企業是去除評量個別客服人員的平均通話時間，有些企業則採取更極端的做法，乾脆完全放棄這種評量方式。

對於出社會後就在客服環境中工作的服務主管來說，這樣做或許讓他們難以想像。（「我們怎麼能放棄那種程度的控制？」）這樣一來通話時間會拉長，成本也會激增，不是嗎？但是我們看到愈來愈多的企業實例證明，擺脫平均通話時間這種評量方式，其實並不會讓運作效率變差。

某家大型製藥公司就是這方面的最佳實例，最近，這家公司採取激進做法，請客服人員只要「竭盡全力照顧好通話中的顧客」。公司言下之意就是，如果這位顧客遇到複雜問題，需要更多時間，那我們就花更多時間處理問題。而且，如果你剛好一連接到好幾通電話，都需要更多時間解決問題，那也沒關係。最重要的不是平均通話時間，而是幫顧客得到想要的結果。

不過，這家公司也很謹慎小心，沒有完全置效率於不顧。與其採用客服層級的平均通話時間，該公司乾脆引進平均通話百分比（Available Talk Percentage，簡稱ＡＴＰ）這種新的評量方式：

$$平均通話百分比 = \frac{通話時間＋閒置時間}{值班時間－（午休時間＋其他休息時間）}$$

平均通話百分比這種方式把通話時間和閒置時間（意即客服人員準備接聽電話但沒有電話進來那段時間）加總起來，然後除以客服人員的當班時間（扣除午休及公司允許的其他休息時間）。基本上，平均通話百分比是評量客服人員在不跟顧客通話時，進行其他工作的效率，像是結束通話後的作業、跟催作業和其他行政職責等等。

與其告訴客服人員：「講快一點，因為時間就是金錢。」高控制商數企業反而跟客服人員表明：「盡量發揮效率做完無須跟顧客互動的工作，這樣你就有更多時間留給需要幫忙的顧客。」從評量平均通話時間轉變成評量平均通話百分比，所產生的驚人結果超乎該公司客服團隊的預期。在短短一年內，這家製藥公司的顧客整體滿意度（該公司最重視的顧客評量標準）就增加一五％。客服人員在非通話時間的效率也隨之提升，有更多時間幫顧客解決問題，不會像以往那樣邊通話邊擔心時間壓力。這個例子告訴我們，欲擒故縱果然是管理客服人員的高招。

其他採用類似做法廢止平均通話時間的企業也表示，這樣做還引發一種有利的連鎖反應——重複來電量減少了。只要客服人員在顧客第一通來電時多花六十秒時間處理，就能避免後續幾天顧客再打電話來詢問四分鐘。事實證明，廢除通話時間限制，反而能避免後續問題（見第三章論述）。更諷刺的是，大多數服務主管認為通話時間是增加客服中心成本的最大因素，但是在嚴格控管這項因素的情況下，卻產生反效果導致成本增加。

跟許多企業文化的標準作業流程做比較，這種做法好像有違常理，但那就是信任的本質。而且，企業除了信任客服人員的判斷外，還要讓客服人員配合企業的目標與使命，利用這種輔助做法才不會讓客服人員為了取悅一位不滿意的顧客，反倒讓企業虧本。

控制商數關鍵2：讓客服人員了解並配合公司的目標

這個概念的重點是，協助客服人員清楚了解自己日常工作跟組織達成更重大目標與使命之間的關係。當客服人員明白客服工作跟顧客忠誠度、企業策略與財務成效的直接關係後，就更可能掌控自己跟顧客的互動。我們再次強調，這種掌控感就是控制商數的精髓，也是提高個人績效的關鍵。

對員工參與這個主題有涉獵者通常都熟悉配合與連結這類概念。參與的重要性在於，員工更可能加倍努力表現更好，展現出所謂的群策群力（discretionary effort），因為員工了解也肯定自己日常工作跟組織整體使命之間的直接關係。

當個人發現自己做的事會對大家產生某種正面積極的影響，就會產生一種強有力的激勵。我們通常用兩人堆砌磚塊這個寓言故事說明這種連結力。

小男孩經過一個建築工地，看到兩名工人正在堆砌磚塊。

小男孩問第一名工人：「先生，打擾一下，請問您在幹麼？」

第一名工人粗聲粗氣地說：「我在堆磚塊啊，不然在幹麼？」

接著，小男孩問另一名工人：「那麼先生，您在幹麼？」

另一名工人說：「我在幫忙蓋一間美麗的教堂。」

這種跟重大使命的連結感就是喚醒員工控制感的關鍵，對於主動採取行動要確保每位客服人員跟企業產生連結感的企業來說，這件事當然很重要。客服人員必須知道跟每位顧客互動時，他們其實把企業所有同仁的命運握在手上，企業整體成敗也掌握在他們的手上。

現在，由於客服工作包含跟顧客互動這個層面，所以比會計這類自己安靜完成的後勤工作，更容易跟企業重大目標產生連結感。當你每天都要跟顧客一對一互動時，怎麼可能沒有感受到那種連結感？

但是我們的研究顯示，由於客服人員日復一日應付顧客的疑難雜症，感受會日漸疲乏麻痺，很快忘記客服工作要帶點人情味，反而淪為制式化的作業，心裡只想著「趕快撐到下班就好」。

企業為了避免客服人員出現這種傾向，就要以更顯而易見、更貼近個人的方式讓客服人員明白這種連結。當然，要讓個人有這種連結感似乎很難做到，畢竟要讓基層人員明瞭組織的崇高目標與意圖既花時間，還可能需要幾百次、甚至幾千次的一對一會談，並召集所有服務同仁一起開會。

因此，當我們從加拿大某家金融服務公司學到一個先進的方法論時，實在難掩心中的喜悅。這家公司設計一個流程讓每位客服人員用自己的方式，把公司的服務使命內化，然後公司也提供機會，讓客服人員能針對某些重點領域貢獻自己的心力。

這家金融服務公司設計的流程不是從個人層級做起，而是從團隊層級做起。公司請一些客服人員自行參與，組成客服委員會，負責為整個客服團隊訂定服務目標。委員會成員參與一系列研討會，並在過程中審視企業價值觀與整體策略使用的個別要素，然後詳細分析這些要素以決定客服團隊能在哪些方面做出貢獻。（我們稍後會說明這個流程如何將目標轉化為個別客服層級的工作。）

重點是，對一般員工來說，企業使命、願景與價值觀通常都讓人覺得「遙不可及」。**那些跟實務無關像象牙塔般的東西，對我來說究竟有何意義呢？**所以，客服委員會的職責就是：「你們這些傢伙去找間會議室，搞清楚那些事究竟對我們有什麼意義？」這時公司會指派一位引導員帶領客服委員會開會討論，逐一說明企業的價值觀與策略目標，然後帶領客服委員會完成下面這個四步驟流程：

步驟1：規範

客服委員會開始審視企業的每項價值觀，針對該項價值觀在實務層面上的意義提出看法並達成共識，接著就設定重要性，釐清定義並確保團隊成員不會對此產生誤解和意見分歧。這個步驟的難易程度會因為企業價值觀的表述方式而異。通常，我們看到企業目標的撰寫方式都像在唱高調又寫得很籠統，確實需要某種程度的解讀，才能讓客服人員了解。

步驟2：腦力激盪

接著，客服委員會成員設計一個包羅萬象的清單，列出客服人員針對某項企業目標能做出什麼貢獻。透過這種方式，就能讓客服人員開始跟企業產生連結。現在，討論內容從企業使命轉變為客服部門的日常運作。但是就像任何腦力激盪練習一樣，在這個「答案沒有對錯」的階段，就要把目標放在找出更多事項，讓客服人員能對每個特定領域做出更多貢獻。舉例來說，在這個階段可能得到的結果包括：主動傾聽、措詞清楚、配合顧客的溝通方式或展現同理心。

步驟3：去蕪存菁

在這個階段，會議討論氣氛開始熱絡起來，在透過腦力激盪列出客服人員能對企業目標做出什麼貢獻後，客服委員會接著設法去蕪存菁，把範圍縮小到最有價值的事項，也就是在一般狀況（而非例外狀況）下最切合實際也最容易達成的項目。這個步驟需要引導員發揮本身的控制感，因為在這個討論階段很容易會引發爭論或偏離主題，大家可能互相批評或出現情緒性的言詞，讓整個流程招致反效果。但是在引導員的協助下，客服委員會就能把冗長的清單範圍縮小，針對企業各個價值觀提出三到四個實用可行的構想。

步驟4：將構想轉化成具體行動

最後一個步驟就是去蕪存菁過的構想轉化成明確的行動或行為，讓客服人員可以落實到日常工作中，跟實現企業更重大目標形成密切的連結。客服委員會工作的最後產出就是一份文件，這份文件分送給所有客服人員上面標明了：「這是我們同仁討論出來的結論，我們身為客服人員究竟能對企業成功做出什麼貢獻？這裡寫的不是管理高層的要求，而是跟你我一樣的客服人員直接想出來的事項。」舉例來說，在強調服務團隊必須具備良好溝通技巧時，客服委員會最後在文件上載明的目標可能是：「確認顧客特質，以最能打動顧客的方式與其溝通。」

當客服委員會把最後那份文件分送給每位客服人員時，就等於是直接「請」客服人員照著做。不是請客服人員「先看看，再說說你的看法，」而是「上面這些行為，有哪些你願意照著做？你不必全部照著做，其實你只要選幾樣去做，挑選你最專精的，能夠在日常工作上跟顧客互動時做到的事項去做。」

然後，有關目標設定與工作承諾的個人討論，就開始交由主管跟個別員工進行一對一的晤談。這種晤談不是那種要員工誓死效忠的特別會議，而是主管指導員工的一般會談。

從許多方面來看，這個構想就跟員工管理的典型三步驟法沒什麼兩樣：

1. 請每位員工擬定個人改善計畫。
2. 確定員工擬定的改善構想合理並符合組織的使命。
3. 讓員工為自己選擇的目標負責，當個別員工沒有履行自己的承諾時就給予鞭策，有履行承諾時就給予肯定。

加拿大這家金融服務公司學到，客服委員會流程的產出是一份行為清單，其實要是由客服管理團隊擬定，內容應該也差不多。但真正重大的差別在於，這些目標都是「客服人員自己討論、自己同意、自己承諾要做到的」。而且，雖然管理階層可以直接宣布：「你們客服同仁組成的委員會已經決定要負起哪些職責，這些是大家要遵守的新標準，」但是透過主管跟個別員工一一告知，利用這種個人化的做法，就能讓整個流程發揮更大的功效。

以下我們引述該公司服務部門同仁針對這個流程，對企業文化造成影響所做的評論。

客服作業高階主管表示：

「我們目睹到相當驚人的成效，員工參與度大增，人員缺席率也降低了，客戶滿意度至少提升二〇%。」

某位客服主管表示：

「現在我們的客服人員更清楚自己日常工作對公司有何意義，也明白自己扮演著推動公司前進的重要角色。」

某位客服人員則說：

「我現在覺得管理階層真的重視我這名員工，我能對自己設定的目標提出意見並握有掌控權，而且我設定的目標也跟本身的工作更直接相關。」

這些意見就是「控制商數的真人實事」，而且我們要再次強調，企業主管和領導人並沒有千方百計讓這些事情發生。其實，如果他們拚命想讓這些事情發生，甚至可能遭致反效果。但是，他們確實用一種順其自然的方式，促成這種狀況，讓客服績效大幅改善，也讓顧客忠誠度隨之提升。

況且，在客服人員彼此互相支持的環境裡，大家就更可能見賢思齊，不會淪於制式化的服務，而會用一套合理的標準自我要求，提供對顧客和企業都有利的解決方案。

控制商數關鍵3：強有力的客服同儕支援網路

在創造一個信任、配合及同儕支援的環境時，我們學到一項攸關成敗的寶貴教訓，那就是：這些事情都強求不來。你無法讓人們信任你，或強迫他們配合貴公司的重大使命，或堅持要員工互相支持。如果你可以讓這些事情發生，你早就這麼做了。但事實上，你做不到。

不過，你絕對可以促成這些事。身為主管和領導人，你可以在工作環境中做一些改變，讓上述這三種狀況更可能順其自然地發生，那也是讓控制商數發揮功效的唯一方式。

根據我們的調查，具備強有力的同儕支援網路，會對控制商數產生一七％的影響，這表示跟前面提及的相信與配合這兩項因素相比，同儕支援網路的影響力更大。但是根據我們對於幾百家企業的直接觀察，這個因素也最為棘手。在我們觀察過卓越企業所採行的做法後，我們相信要讓同儕支援網路發揮最大效益，就要同時符合下面這三個狀況：

狀況1：有足夠的時間

如果支援同儕被當成是額外的負擔或是某種麻煩，這種做法就不可能變成一種固定模式。企業必須想出簡單的做法，讓客服人員能彼此支援，並確保這種支援落實為日常工作的一部分，而不是客服人員有空才做的事。

狀況2：分享最佳實務

客服人員都會彼此交換意見，尤其是在茶水間、室外吸煙區和辦公室對面的酒吧裡，大家更會高談闊論聊些工作上的點點滴滴。問題是，大家聊的事是否正面積極，或是在聊些規避制度或鑽系統漏洞的小把戲。客服人員彼此支援，重要的是分享怎樣做能對顧客提供最好的服務，尤其是在那種比較複雜的環境，沒有正確答案或顧客問題太特別以前從沒遇過的情況下，更需要同儕意見交流。

狀況3：客服人員彼此樂於接納對方的意見

當你想要幫忙人家，人家卻不想被幫，或是當你想跟別人分享資訊，對方卻一點興趣也沒有，這時你就會痛苦不堪。因此，有些公司設計制度和結構，利用並非由管理階層管控的論壇和環境讓客服人員互相協助。客服人員對於協助的接受度，會跟協助的來源直接相關，如果客服人員覺得任何形式的同儕支援只是主管事必躬親的替代形式，那麼不管企業再怎麼努力，最後也是徒勞無功。

我們在企業實務運作中看過兩個構想剛好符合上述這三種狀況，第一個構想是發生在「實體」世界，也就是同儕指導。第二個構想是出現在「虛擬」世界，也就是團隊討論論壇。我們相信每個客服組織都該認真考慮落實這兩種做法。

客服人員討論論壇

五或十年前，這種解決方案還不存在，現在規模較大的企業很可能已經採用這種做法，而且我們相信這樣做確實很有道理。客服人員討論論壇提供客服人員一個線上管道，讓大家互相提問，針對常見問題的解決辦法交換意見，表達自己對顧客問題的看法，這樣做至少能為企業帶來下面這三種好處：

- 這種同儕支援不像跟主管尋求協助時會有時間壓力，客服人員可以跟更多人徵詢答案和建議，不是每次遇到不確定狀況時就找主管詢問。
- 討論論壇讓客服人員能找出管理階層或許不容易察覺、卻能輕易修正的問題。
- 討論論壇讓績效優異的客服人員取得一個平台，在客服團隊中擔任領導者的角色，肩負起指導同仁的額外職責。

我看過許多解決方案適合這個類別，不過富達投資設計的一項做法，是我們見過最適合其他企業效法的最佳模式。富達投資設計了名為「空間」（Spaces）這個由客服人員自行負責的論壇，締造相當優異的成效。這項做法如此獨特是因為下面這三項要素：

- **雖然一開始是由公司管理階層設立這個論壇，但是後來完全交由客服人員自行運作。所以**

基本上這不是「公司的」網站，而是只有客服人員才能參與，自由交換構想與建議的網站。

- **由一名客服人員擔任論壇主持人**。指派一名團隊成員擔任空間論壇主持人，這名成員約花九〇％的工作時間負責這項職務，通常每六個月就換人做做看。論壇主持人負責設計討論主題然後彙整報告，向管理階層簡報跟客服相關的重要問題與建議，再向客服團隊回報管理階層所做的決定與改善措施。
- **在各個工作據點或班別指派一位「團隊召集人」，維持團隊士氣**。這位召集人負責激勵同仁積極參與，跟團隊分享與工作直接相關問題的資訊。空間論壇開始運作的第一年內，富達投資全球各地據點的客服人員，就在論壇上提出三千多則意見。論壇主持人從中彙整至少三百五十個構想與建議向管理階層簡報，其中有一百個構想與建議獲得管理階層同意，落實為讓公司做出某些改善或修正的行動方案。

富達投資表示，客服人員論壇提出的建議涵蓋各種問題，包括：建議如何降低不必要的顧客來話量，以及如何增加作業效率。這些建議順利落實後讓公司成本大幅降低，同儕支援程度和客服人員的控制商數也大幅提升。

在當今顧客要求更加嚴苛且挑戰更高的環境裡，我們針對提高客服人員績效和「讓客服人員獲致成功」得到的這些發現，讓我們做出這項明確的結論：

我們必須用不同的方式去管理，並對「成功」賦予不同的期望。

管理客服人員不是透過「方案」或「宣導活動」就能完成的，你不可能在茶水間貼上一張新海報（例如：「三月是控制商數月！」），就期望客服團隊締造重大成效。其實，真正奏效的做法剛好相反，如果你把這個月設定為向創造世界級省力服務作業邁進的月份，而且這個做法受到客服團隊的認同，那麼你就會看到客服績效蒸蒸日上。你需要做的只是重新審視你跟同仁們要完成什麼事項，想想你們做的事情會對顧客產生什麼影響，可以利用什麼方法來評量這些影響。跟我們共事的一名服務主管就說，讓組織改採省力服務策略「不像是參與一場短跑競賽」，而像是「參加一場馬拉松。其實，或許說參加一場又一場的馬拉松還比較貼切些。」

不過，就像跑馬拉松時要注意步伐速度那樣，為顧客創造省力體驗的另一項好處就是，你可以直接評量顧客的費力程度。當初我們要大家重新檢視客服環境的文化時，或許有人認為這個流程曠日廢時又困難重重。但是，只要抓準訣竅，從這個相當簡單的步驟做起：詢問顧客解決問題需要的費力程度，並在顧客實際體驗到高費力程度時，設法了解其中緣由。我們會在下一章告訴大家，為什麼「費力程度」不只是一項概念，而是（也應該是）企業日常評量客服績效的重要要素。

重點摘要

◆判斷力和控制力才是區別現今優秀客服人員的因素。在當今日漸複雜的互動服務時代，簡單的問題都透過自助服務管道解決掉了，顧客更加期望企業提供個人化的服務。因此，客服人員要具備的最重要核心能力就是「控制商數」。控制商數是指在複雜高壓的服務環境中，發揮判斷力並維持掌控的能力。

◆控制商數不是學來的，而是被賦予的。雖然控制商數是讓客服績效有所不同的最重要因素，但事實上大多數客服人員都有中到高水準的控制商數潛能。問題是，大多數企業禁止客服人員善用本身的控制商數，而要他們嚴格遵守公司多年來明訂及強化的規則。這種工作環境根本不接受客服人員自行判斷及發揮控制能力。

◆欲擒故縱才是管理客服人員的高招。為了讓客服人員發揮本身控制商數潛能，企業必須信任客服人員的判斷。企業可以採取的做法包括：不去強調或乾脆去除平均通話時間和品保查核表等方式，釐清客服人員應盡職責與企業目標之間的一致性，好讓客服人員善用同儕集體的經驗與知識，做出明智的決定。

第六章

善用顧客流失偵測指標

如果說有哪個部門常為評量忙得焦頭爛額，那個部門一定非客服部門莫屬。怎樣評量顧客體驗才是最好的方法，光是這件事大家就爭論不休。以「一次解決」這個概念為例，顧客再打電話進來想聽聽不同客服人員的意見，這樣之前的問題究竟解決了沒？我們要評量個別通話時間或解決問題的總通話時間，還要評量網站造訪次數、電子郵件數量和其他連絡方式嗎？我們應該如何評量我們提供的服務品質？我們內部該設立一個小組監聽客服電話並加以評分，或是請顧客幫我們打分數？究竟哪種評量方式最好？顧客滿意度？淨推薦值？或是其他評量標準？

雖然有關服務體驗評量方式孰優孰劣的爭論可能持續延燒，但有件事我們可以確定，那就是：評量顧客費力程度確實能協助企業改善顧客體驗，也有助於顧客忠誠度提案的推行。以系統層面來說，評量顧客費力程度讓企業把焦點放在服務體驗上，以嶄新的觀點釐清該從哪些事情開始改善。依據我們的研究發現，評量費力程度其實讓我們得到相當有利的發現（見圖6.1）。舉例來說，覺得服務互動省力的顧客就有九四%的比例表示會再跟企業續購，而覺得服務互動費力的顧客中，只有四%的比例表示有續購意願。另外，覺得服務互動省力的顧客有八八%的比例表示有

圖6.1　費力程度對於續購、荷包占有率及顧客口碑的影響

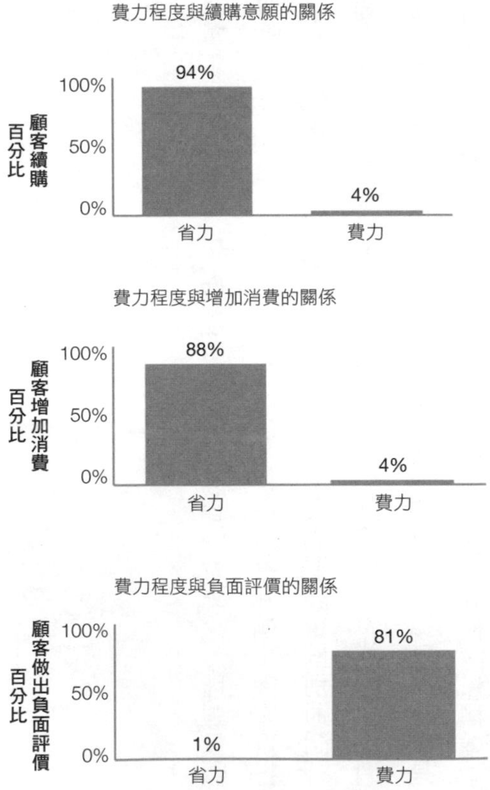

樣本數＝97,176名顧客
資料來源：CEB公司（2013）

意願增加消費；相較之下，覺得服務互動費力的顧客只有四%的比例表示會增加消費。而且，覺得服務互動省力的顧客中，只有一%的顧客表示會給予企業負面評價，但是覺得服務互動費力的顧客中，就有高達八一%的顧客表示會這麼做。換句話說，顧客費力程度這項因素的影響力實在太驚人了。這項因素不僅協助我們確定目前的服務表現，也能在完成服務互動進行調查時，做為確認顧客是否流失及可能出現負面評價的探測棒。

跟改善任何事一樣，其實幫顧客省力的首要步驟就是先進行評量。在本章，我們會推薦兩種評量方式，第一種是以調查為主的評量方式，稱為顧客費力程度分數（Customer Effort Score，簡稱CES）；第二種是系統化追蹤顧客費力程度的最常用指標，也就是我們協助企業稽核時採用的這套準則「顧客費力程度評量」（Customer Effort Assessment，簡稱CEA）。運用顧客費力程度分數這個調查標準評量顧客費力程度，再加上顧客費力程度評量這種更深入的稽核做輔助，不但可以讓企業清楚了解本身為顧客省力方面表現如何，更重要的是還能找出該採取哪些具體行動做好改善。除了這兩種評量方式外，我們也會跟大家分享，多年來我們替全球各大企業追蹤監控顧客費力程度分數，收集到的一些資料和設定的標準，並讓大家知道在評量自家企業的顧客費力程度分數時，**哪些事該做，哪些事不該做**。

顧客費力程度分數

客服界為了預測顧客日後對企業的忠誠度，精心設計出許多調查問題，其中最值得注意的就是顧客滿意度（CSAT）和淨推薦值（Net Promoter Score, NPS）。顧客費力程度也是客服界日漸重視的一個問題，幾年前我們率先提出顧客費力程度分數這個調查問題後，就受到客服界的眾多關注。

我們在鑽研資料及檢視顧客忠誠度的不同評量標準時，得到一些相當驚人的發現。首先，同前所述，我們發現顧客滿意度這項指標無法準確預測顧客是否有意續購及增加消費。其實，瑞克赫爾德早就針對此事提出創見[1]。相較之下，我們發現淨推薦值反而是更準確預測顧客忠誠度的一項指標*。跟許多運用淨推薦值評量顧客體驗的企業一樣，我們發現這項指標也可用於預測顧客行為。

接著，我們就來看看淨推薦值跟顧客費力程度的關係。淨推薦值是了解顧客對企業整體印象的一個「重要問題」，準確率也很高。問題是，要從互動層面了解客服績效，淨推薦值並不是最佳評量方式。在正確使用的情況下†，淨推薦值可以評量關係層級的忠誠度，也就是顧客跟企業及其品牌、產品、通路和其他接觸點互動的整體感受，但是因為淨推薦值這個問題涵蓋層面太廣，所以有可能掩飾服務互動的費力程度。

舉例來說，顧客忍受費力程度高的服務互動，卻還可能跟親友推薦那家公司。原因是，那家公司客服雖然做得很差，產品卻很棒，所以顧客還是給那家公司很高的淨推薦值。如果企業只看這項指標，就會錯失改善服務管道的機會。或者情況剛好相反，企業提供顧客相當省力的服務，但是產品卻糟透了，所以顧客給的淨推薦值很低，讓企業摸不著頭緒，懷疑服務體驗究竟出了什麼問題。我們的資料顯示，這類情況太常發生，因此值得探討是否有其他方式，能更有效評量服務體驗產生的特定影響。

後來我們發現，評量互動層面的費力程度，至少以評量客服互動的費力程度來說，其實就能大幅提高對顧客忠誠度的預測能力。這樣做在探討顧客忠誠度評量方面，創造一個相當重要的區別。顧客忠誠度會因為顧客跟企業及其品牌的許多接觸點而受到影響，服務就是其中一個接觸點，而且據我們所知，這個接觸點更可能造成顧客流失。企業必須知道整體運作的關係忠誠度，服務主管卻必須專心了解服務互動對互動忠誠度的影響。對於主要仰賴淨推薦值或其他關係評量

---

* 淨推薦值是瑞克赫爾德率先提出的一種評量單位，並在個人著作《活廣告計分法》（*The Ultimate Question: Driving Good Profits and True Growth*）中詳加說明。淨推薦值以這個單一問題做為評量依據：「你向親友推薦這家公司的可能性有多高？」

† 瑞克赫爾德及其他採用淨推薦值的人士都會清楚說明，淨推薦值問題本身是一個方向指標，不是最好的評量標準。只要正確使用，就能說明整體「作業系統」的顧客忠誠度，這部分本章後續會做詳述。我們在向服務主管介紹顧客費力程度分數時，也會做此說明。

方式的服務主管來說，他們面臨的挑戰就是常常無法察覺自己能用什麼服務手段，對服務體驗產生有利的影響，以便提高顧客忠誠度。這正是顧客費力程度分數可以派上用場之處，這項評量協助我們了解服務體驗（這項單一因素）對顧客忠誠度的實質影響。顧客費力程度分數這個簡單問題設法估計出，顧客覺得要讓企業協助解決問題，自己必須耗費多少心力——顧客覺得整個體驗是輕鬆省力，或者覺得自己必須受盡折磨才能讓問題解決掉？通常，這種評量方式是在服務互動完成後進行調查（比方說用電話語音調查、網站隨機跳出視窗調查或透過電子郵件調查）。

現在，你應該知道提供省力服務體驗，就是顧客服務要追求的最高境界。顧客費力程度分數提供主管一個簡單方式，了解公司各部門和不同服務管道在跟顧客互動時，是否持續落實省力體驗。而且更重要的是，顧客費力程度分數讓主管們可以馬上發現，顧客流失的可能性。

顧客費力程度分數所用的問題措詞在這幾年內已有不同的改變。我們在二〇一〇年於《哈佛商業評論》（*Harvard Business Review*）發表〈別再拼命取悅顧客〉（Stop Trying to Delight Your Customers）[2]這篇論文時，提出「顧客費力程度分數第一版」，當初我們使用的調查問題是：「要讓你的問題獲得解決，你自己必須多費力？」我們依據從「非常省力」(1)到「非常費力」(5)這種五級分制進行評量。我們從跨產業的調查發現，這問題的答案提供一個相當有效的評量，讓企業了解個別客服互動對忠誠度的影響。

雖然這個消息很激勵人心，但是對所有企業來說，落實顧客費力程度分數這種評量方式，並不像計算顧客滿意度或淨推薦值那樣順遂。首先，我們發現顧客費力程度分數可能會有誤報的傾向，因為我們使用的評分等級剛好相反。在服務互動後的調查中，大多數顧客會把低分跟「不好」劃上等號，把高分跟「好」劃上等號。所以，當我們在調查結束時提出顧客費力程度分數這項問題時，有時候顧客會憑直覺回答（「先前我回答是否滿意時給了四分，所以這個問題我也給四分」）。

雖然這個問題只要把評分等級顛倒過來就可以解決（許多企業評量顧客費力程度分數時就這麼做），但是還有一個比較難解決的問題是原本問題使用的措詞。舉例來說，有些顧客會把顧客費力程度分數這個問題，誤解為是他們自己設法解決問題會有多難，而不是回答整個問題解決體驗有多麼費力。有些顧客覺得這個問題帶有指責的語氣，就像家長管教小孩時這樣問：「在你問我牛奶放哪裡前，你真的先打開冰箱找過了嗎？」

而且，「費力」（effort）這個字也很難翻譯，企業要向不講英語的顧客詢問這個問題時也會遇到困難。雖然有其他可接受的替代用語，但是在某些語言中要找出適當用詞還是有爭議，這項因素讓據點遍及全球的企業，內部出現好幾種版本的翻譯，很難建議共同標準。

最後，我們要面對的挑戰就是，在詢問顧客費力程度分數這個問題前缺乏「鋪陳」。換句話說，顧客在忍受一連串各式各樣的問題，詢問他們是否滿意服務體驗的某些要素（例如：客服人員是否了解產品、是否待客有禮），當顧客一直認為服務還算滿意，卻突然被問到服務體驗有多費力時，有些顧客就會覺得很傻眼。

我們這樣講並不表示企業無法順利運用顧客費力程度分數，做為評量服務組織互動體驗的一種方式。事實正好相反，跟我們共事過並落實顧客費力程度分數的大多數企業都表示，這種做法在其服務環境中相當奏效，而且還能做為預測顧客流失的一項指標。只不過有些公司遇到我們講的這些問題，所以我們希望能把這項做法設計得更加完善。

當我們針對顧客服務互動和顧客費力程度收集更多資料，我們也開始為「顧客費力程度分數」這個問題，設計不同的版本。我們也藉由這本書的出版，公開我們設計的新版本，也就是顧客費力程度分數第二版。

新版本依據這項陳述進行評量：「這家公司讓我輕鬆解決問題」，並請顧客依據大多數客服調查用的一到七級滿意度，回答是否同意前項陳述。

這個新問題其實只是改編原始問題，但我們發現這樣做能取得更可靠的成效，顧客也比較不會錯誤解讀，同時也比較容易譯成不同語言，而且為了讓顧客準確回答，也不需要做什麼鋪陳。費力程度還是整個概念的核心，只是我們改用「輕鬆解決」（ease）這個大多數顧客更容易了解的字眼。而且，因為我們使用同意／不同意的評分量表，就跟問卷原先提問的其他問題更加呼應（例如：「你同不同意客服人員了解產品並待客有禮？」）

後來，我們以改編後的顧客費力程度分數問題詢問幾千名顧客，得到一些有趣又說服力十足的結果。首先，我們發現這個新問題的措詞跟顧客忠誠度密切相關。顧客費力程度會對顧客續購、推薦及增加消費等意願產生三分之一的影響。雖然這個數字乍看之下不太多，但是我們只評量解決單一服務問題的體驗（以統計方面來說，這種評量已經相當有效）。如果只靠一次服務互動，就能讓顧客忠誠度增加三分之一，對大多數服務組織來說，這可是相當驚人的事實。

我們比較顧客費力程度分數第二版跟顧客滿意度這兩種做法對顧客忠誠度的預測，發現評量費力程度的準確度還高出一二%。*因此，我們有合理依據，建議企業增加顧客費力程度分數這項評量，協助企業對顧客互動有更深入的了解。

另外，我們還發現在為顧客服務挑選適當成效時，時間敏感度關係重大。我們發現當顧客有時間壓力時，以顧客滿意度預測顧客忠誠度的準確性就會大幅下降；相較之下，顧客費力程度對顧客滿意度的預測並不會受到時間因素影響，仍然可以做出準確預測。†事實上，對於日常生活中承受極大時間壓力這類顧客，評量其忠誠度時，費力程度分數的準確度反而是顧客滿意度的二倍。這項發現對以企業顧客為主的公司來說特別重要，因為企業顧客日常運作經常面臨龐大的時間壓力，至於以子女多的家庭、忙碌上班族或雙薪家庭為主顧的企業，這項發現也相當受用。

---

* 在此，我們對準確度的定義是：以顧客忠誠度為相關變數，利用雙變數線性迴歸模型，針對R平方值進行比較。

† 我們利用以下一到七級的同意／不同意問題評量時間敏感度：「我覺得每天時間都不夠用」和「我覺得不管在公司或在家裡，都要趕緊把工作做完。」

另外一項發現是，在下面任何一種情況成立時，服務體驗對顧客忠誠度的影響就更大：

1. 顧客對企業提供的產品或服務沒有很強烈的喜愛，而且／或者
2. 顧客只要花小錢，就能輕易轉換同類產品或服務。

從產品的觀點來看，這說明了為什麼有些公司的產品有眾多粉絲，即使客服做得很差，業績照樣紅不讓。如果顧客覺得認為某項產品比同類產品好很多，即便服務體驗很差，他們也能忍受。另外，顧客對於轉換成本的認知，這一點也合乎常理，如果顧客可以輕易轉換產品或服務的供應商，他們當然不會把高費力服務體驗的供應商列入考量。其實，當顧客認為轉換成本低時，服務體驗費力程度就會對顧客忠誠度產生加倍影響。

雖然企業通常很想知道在顧客費力程度分數方面，自己跟同業和競爭者相比的結果，但是值得注意的是，顧客費力程度的平均分數其實沒有比分數分佈情況來得重要。平均分數反而把資料的重要差異隱藏起來，從這方面來看顧客費力程度分數跟其他資料的缺點並無不同。但是，由於顧客費力程度分數算是客服方面較新的評量單位，所以組織通常只在意平均分數。其實，依據常態分配來檢視顧客費力程度分數，才是比較好的做法。換句話說，有些互動（約占一〇到二〇％）非常費力或非常省力，但是大多數互動應該都落在平均值附近。檢視分佈狀況就能了解哪裡有機會進行改善，這樣做遠比只考慮顧客費力程度平均分數跟同業相比要有意義得多。

在此舉一個簡單例子做說明：某家公司驚訝地發現，本身顧客費力程度分數低於同業標準。但是，這跟服務主管在檢視整體運作狀況的感受並不一致。服務主管認為由於顧客抱怨太多，所以服務團隊必須做一些重大改善，但是服務團隊卻一直強調本身已善盡職責，在顧客費力程度分數上表現優異。主管檢視顧客費力程度分數的分佈狀況，從中得知一些驚人發現：首先，跟同業標準相比，該公司低費力程度的體驗數量高出太多，顯然資料一定有誤。再者，費力程度中等的體驗數量很少，而高費力程度的體驗數量也相對較少。結果，這個偏態分佈暗示出，該公司有太多簡單問題透過客服電話管道解決，而不是透過自助服務解決。所以，顧客打電話進來詢問很簡單的問題，就是那種馬上就能輕鬆解決的問題。由此可知，要讓顧客費力程度分數發揮功效，就跟分數分佈很有關係。

撇開顧客費力程度分數第一版或第二版的措詞不談，還有一項重點要提醒大家，顧客費力程度分數跟顧客滿意度或淨推薦值是不一樣的評量單位，所以拿來互相比較根本徒勞無功。某位產業專家就說，拿顧客費力程度分數跟其他評量單位相比，就像是拿蘋果跟橘子做比較：「顧客費力程度分數是用來評估特定客服事件的『個別體驗』，淨推薦值和顧客滿意度卻是評量『總體體驗』，是把所有顧客體驗都列入考量，不只是單一互動或事件。」[3]我們不認為這樣講是批評，反倒覺得這樣講清楚點出評量費力程度的真正價值。顧客費力程度分數本來就沒打算評量企業整體顧客關係健全與否，而是要評量最可能造成顧客流失的因素——也就是顧客在服務互動中的費力程度。這位產業專家還補充說，「對精心設計並妥善執行的顧客體驗管理方案來說，顧客費力程度分數是相當實用的輔助項目。」我們完全認同這種說法。

雖然話是這麼說沒錯，但是評量客服互動層級的費力程度，顯然能協助服務主管判斷，自己對於企業更全面改善顧客忠誠度，究竟能發揮多大的影響。

不過，即便是只以淨推薦值為依據的企業，也應該考慮把顧客費力程度分數列入評量項目。原因在於：我們跟許多企業談到降低顧客費力程度時，大家都很認同這個概念，但是講到評量顧客費力程度分數時卻都先選擇觀望。「我們評量淨推薦值，」他們跟我們這樣說。我們的回應呢？那很好啊，這又不是在爭論信什麼教才對。如果他們目前在客服方面以淨推薦值為主要評量，那麼他們究竟追蹤哪些跟淨推薦值有關的服務項目呢？他們有設法降低重複來電、電話轉接、轉換管道、重述資訊這些事項，來改善淨推薦值嗎？如果有，那麼他們做的事就是為顧客省力，只不過他們是以淨推薦值的名義，而不是以顧客費力程度分數這個名義去做這些事。但是，評量顧客費力程度分數其實可以協助服務主管討論，對於淨推薦值這個範圍較廣的目標，自己能如何發揮影響力。我們從最近進行的一些研究發現，認為服務體驗省力的顧客中只有三％的比例是「貶損者」（也就是在淨推薦值調查問題給〇到六分者，這群人可能對企業做出負面評價）；但相較之下，認為服務體驗費力的顧客中，就有高達八二％的比例是貶損者。這個差異實在**太大**了，也說明企業為了減少顧客流失，就該從降低顧客費力程度下手。如果貴公司目前採取淨推薦值的評量方式，那麼貴公司更應該考慮在進行客服調查時，也引用顧客費力程度分數這種評量方式，以便深入了解現行客服運作對淨推薦值造成的利弊影響。

許多已經落實顧客費力程度分數的企業，都順利運用這種方式評量企業整體客服效益，並找出哪些服務管道可能造成顧客流失。但是我們必須提醒大家：顧客費力程度分數只是一個問題。沒錯，顧客費力程度分數確實是一個有效的方向指標，但其價值也就僅只於此，它不是客服評量的最佳方式或萬靈丹，而是互動忠誠度評量系統的一部分。為了確實了解服務體驗的現況，企業必須從不同角度並透過不同觀點進行檢視，也必須收集許多資料。換句話說，要弄清楚如何改善服務體驗，不是像看病只量體溫，而是要做徹底的體檢才行。因此，我們才建議大家，除了評量顧客費力程度分數外，還要有系統地監控讓顧客在服務體驗中感到費力的原因。

有系統地找出並去除讓顧客費力的因素

我們認為完善的顧客費力程度評量系統包含三個部分（見圖6.2）。首先是最高層級，也就是了解顧客對企業的整體種忠誠度，通常這部分利用淨推薦值這種高層級評量方式評量最好（一則是淨推薦值確實能有效評量整體顧客忠誠度，一則是這樣做有助於將服務組織的角色和影響跟整體顧客忠誠度的成果做連結，另外也能提供重要脈絡，讓負責顧客體驗及行銷的團隊參考。）顧

圖6.2　將企業對顧客忠誠度的目標跟顧客服務策略與細項目標做結合

企業目標

顧客忠誠度

評量方式：
- 繼續做生意／續購的可能性
- 向他人推薦的意願

服務組織目標

降低顧客費力程度

評量方式：
- 整體顧客費力程度分數
- 處理問題所需的互動次數
- 各服務管道的整體費力程度

如何達成服務組織的目標

跨越不同服務管道的點對點顧客歷程

抽樣評量：
- 所用的接觸點數目
- 從第一次接觸起的接觸點順序

各服務管道內部的個別體驗

抽樣評量：
- 資訊的準確度
- 資訊的清晰度
- 客服人員的技能與行為
- 使用的簡易度

資料來源：CEB公司（2013）

客費力程度評量系統的下一個層級是，了解顧客在服務互動中的費力程度，這麼做的原因很簡單：就是要進一步了解，服務組織究竟能做什麼對企業層級的顧客忠誠度有貢獻。這時候，顧客費力程度分數就派上用場，我們建議企業檢視跟費力程度有關的一些運作資料，比方說：解決問題所需的接洽次數，這樣就能再次確認顧客費力程度分數的評量結果。

顧客費力程度評量系統的最後一個層級就是，了解顧客服務歷程如何展開，也就是知道顧客解決問題使用的接觸點類型與數目，以及這些服務接觸點的發生順序（例如：顧客直接致電客服中心或先造訪過網站？），還有各服務管道個別顧客體驗（例如：評量客服人員提供資訊的清晰度，或在網站查詢資訊的簡易程度）。

把這三個層級的資料全都收集到，就能協助企業評量整體顧客忠誠度績效，了解顧客服務對於顧客忠誠度的影響，也能找出企業該採取什麼行動步驟，讓顧客在服務體驗中少費點力。

顧客費力歷程實例說明

接下來，我們就來看看企業如何彙整對顧客費力程度的這些評量，實際了解本身的「費力概況」。基於商業機密考量，在此以A公司稱呼提供我們寶貴資料的這家企業。

我們開始跟A公司共事時，A公司告訴我們，他們覺得自己在電話這個服務管道做得很好，也得到很好的成效。事實上，從顧客費力程度分數來看，結果也如他們預期。A公司想知道接下來在電話服務管道該採取什麼步驟，才能在同業中獨樹一格。但是，當我們為A公司進行一次更深入的評量後，我們告訴他們有關不同服務管道的實用資料，也讓A公司徹底改變原本的策略。讓A公司領導團隊跌破眼鏡的發現是，該公司花更多錢改善電話客服，但是成效顯然不像花錢改善網站服務那麼好。經過我們診斷分析後，A公司領導團隊才恍然大悟，發現接下來該做的優先要務。A公司先前因為部門各自收集資料，沒有統合分析，所以無法察覺到這個優先要務。現在，他們很慶幸自己找到只要做些小改善就有大收獲的全新領域。

後續我們將花一點時間帶領大家一起完成A公司的顧客歷程，並說明我們如何診斷分析並做出這項結論。我們也會分享在為A公司發現最佳改善機會時，所用的一些分析方法和調查問題（有關費力程度調查問題詳見附錄E）。我們認為大家都能藉由A公司這個實例學習，但更重要的是從這個實例中得知，怎樣從自家企業顧客體驗中，找出幫顧客省力的絕佳機會。

根據我們先前介紹的架構，我們首先想了解整體顧客忠誠度。起初我們以為A公司的整體顧客忠誠度沒什麼好擔心的——其實A公司還以整體忠誠度高於同業平均值、幾近績效優異企業而自豪（見圖6.3）。同樣地，A公司的顧客忠誠度分數分佈，也跟同業差不多。可是，這部分的資料其實造成假象，剛好也讓我們學到寶貴的一課：為何關係層級的忠誠度通常無法反映出作業潛藏的問題，而這些問題正是讓顧客忍受不必要費力程度的癥結所在。

除了忠誠度分數外，A公司整體顧客費力概況似乎也落在同業平均值附近（見圖6.4）。A公司顧客大都表示，跟該公司的服務互動費力程度為低到中等程度，只有極少數顧客表示被迫忍受費力程度高的體驗。

雖然從第一層級的摘要報告看來，A公司的服務現況還算健全，但事實卻不然。當我們開始檢視個別服務管道的費力程度並依據接洽量繪製圖形後，就突顯出兩項清楚可見的發現，而且其中一項發現讓A公司相當憂心（見圖6.5）。

圖6.3 A公司整體顧客忠誠度與顧客分佈情況

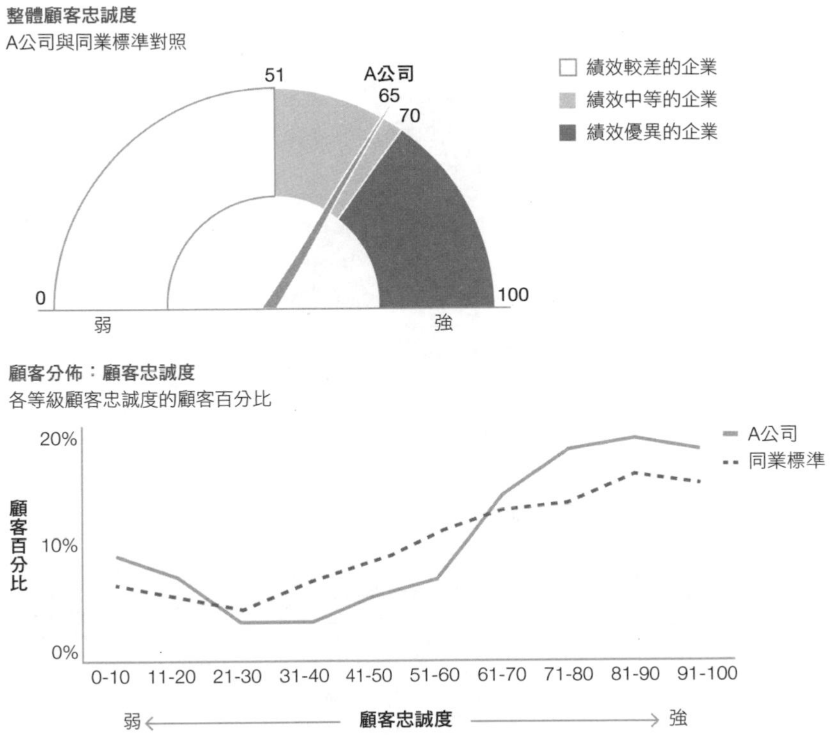

資料來源：A公司、CEB公司（2013）

圖6.4　A公司顧客最近一次解決問題的費力程度

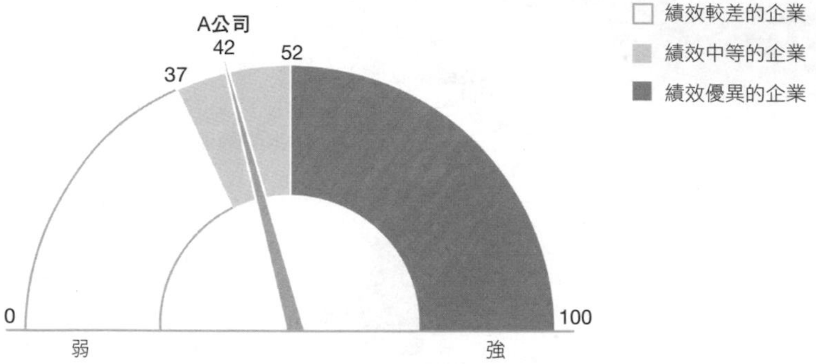

資料來源：A公司、CEB公司（2013）

圖6.5　A公司的顧客問題解決歷程

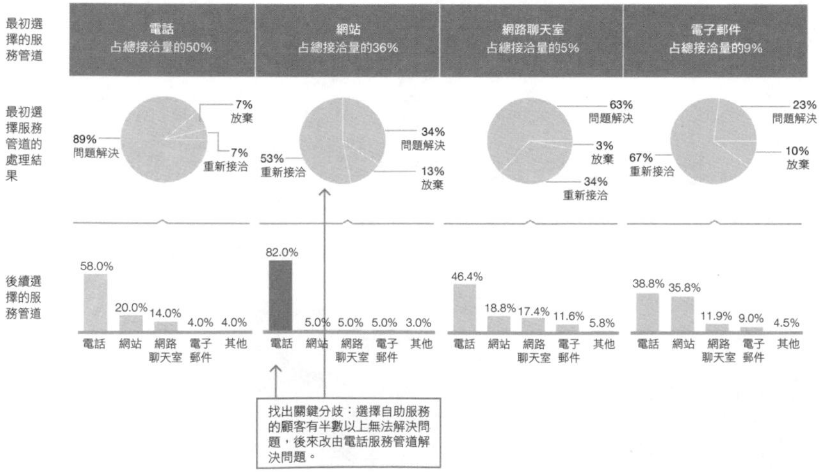

資料來源：A公司、CEB公司（2013）

1. 往好的一面來看，A公司顯然在自助服務方面做得很好，許多顧客都會選擇自助服務管道解決問題，有三六％的顧客最初是選擇造訪網站找答案。但是……

2. ……顧客卻沒辦法利用A公司網站解決問題。其實，最初造訪網站的顧客中，有五三％的顧客必須跟A公司重新接洽，當他們跟公司重新接洽時，就不再使用自助服務。事實上，在無法透過A公司網站解決問題的顧客中，有八二％的顧客最後乾脆拿起電話直接找客服人員協助。

這種情形造成的結果不但讓A公司流失顧客，也讓營運成本大幅增加。結果，網站的自助服務無法幫顧客解決問題，反倒造成客服中心來話量大增。因此，如果A公司照原本計畫專注於電話服務管道的改善，那麼成效可能極為有限，因為顧客在網站上找不到解決方案，才打電話到客服中心。這種差勁的體驗（尤其是客服人員根本不知道顧客先前發生什麼事）不是改善電話服務管道就能解決的事。顯然，A公司必須解決問題根源，也就是把自家網站好好改善一番。

於是，我們發現A公司顧客認為服務體驗較為費力的比例，比同業標準大約高出二〇％。從大多數企業網站顧客費力程度分數跟同業標準相比來看，A公司在這方面則出現相當大的分歧。因此，網站才是A公司顧客體驗的問題點。這是A公司領導團隊先前從未想過的狀況，主要是因為部門各自評量，沒有將資料整合分析，因此無從追蹤顧客解決問題的完整歷程。我們先前講過，服務主管常以為顧客只使用單一服務管道，他們把顧客當成「電話顧客」或「網站顧客」，沒想到顧客其實會轉換服務管道。難怪對企業領導團隊來說，這項分析會讓他們「頓悟」不已。

現在我們先花一點時間，把A公司的發現摘要敘述。我們回過頭來想想A公司的顧客通常怎樣跟他們接洽以尋求服務，然後檢視服務管道的功效，也檢視服務管道提供何種體驗，並針對不同服務管道進行比較。這裡指的功效是，A公司透過該服務管道真的提供顧客問題解決辦法嗎？而服務管道的體驗則是指，A公司透過該服務管道，提供高費力或低費力的服務體驗？經過這項比較後，我們對整個狀況有更清楚的了解，也知道A公司應該投注心力從哪裡開始改善（見圖6.6）。

這項分析突顯出對顧客來說，網站互動有多麼不方便，不但導致重複接洽量大增，也拉高顧客費力程度。

A公司在我們進行診斷分析前告訴我們，他們認為自己在電話服務管道，有大好機會進行改善，能為顧客提供更好的服務。基於同樣的原因，A公司領導團隊假設自家公司的網站服務做得很好，因為公司自行調查發現，顧客使用網站自助服務的比例高於同業標準。

當然，顧客費力歷程不是到這裡就結束，其實這只是歷程的起點。雖然到目前為止的資料確實協助A公司對整個顧客體驗做更批判式的思考，卻沒有告訴他們該怎麼做才能解決問題。所以，深入分析的重要性就由此顯現。我們在進行診斷分析時調查各個服務管道中讓顧客感到費力

圖6.6　A公司的服務管道績效與接洽量

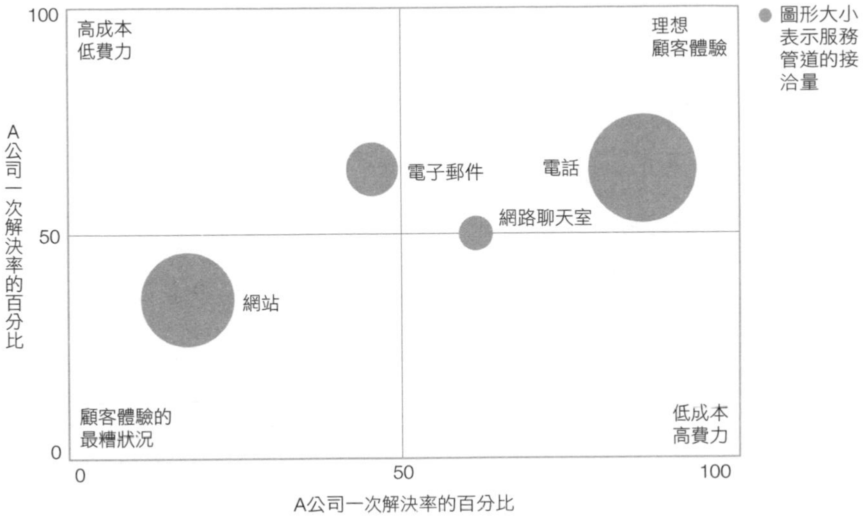

資料來源：A公司、CEB公司（2013）

的主要因素，並設法了解應該特別注意哪些事項。後來我們發現，A公司在網路這個服務管道中，有幾項關鍵費力因素的表現都比同業標準還來得差。

結果，A公司的顧客確實想要採取自助服務的方式，但問題出在，顧客表示他們在網站上尋找所需資訊時遇到一些很棘手的問題。造訪A公司網站的顧客中有六四%的顧客表示，他們找不到想要找的資訊，就算能找到資訊，也覺得大多數資訊的呈現方式讓人不知所云（見圖6.7）。

我們對A公司團隊做出的第一項建議是，請他們馬上花錢設計一個簡單的顧客意見收集機制，可以學習富達公司的做法（見第二章），以便判斷打電話進來的顧客是否先造訪過公司網站，如果是的話

圖6.7 A公司網站無法順利解決顧客問題的原因

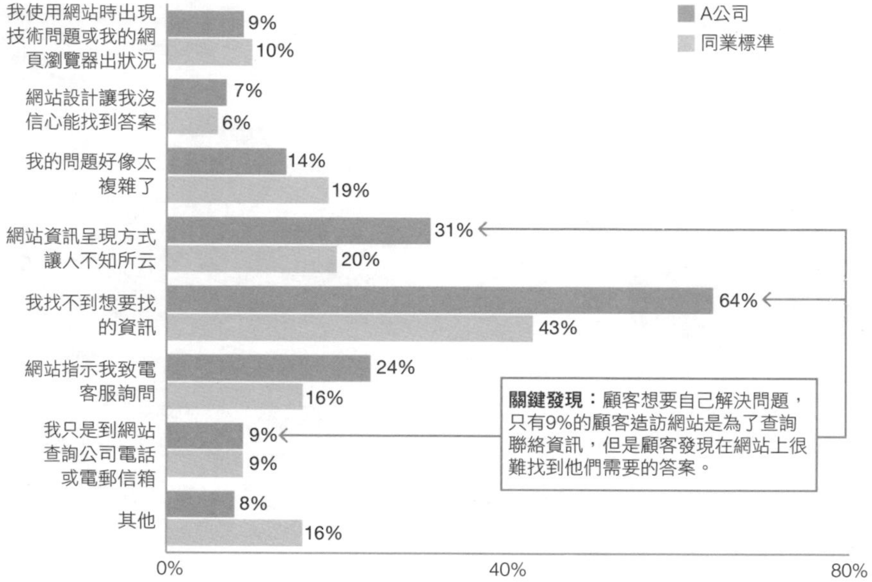

資料來源：A公司、CEB公司（2013）

也要了解顧客後來不使用網站服務的原因。這樣就能協助A公司儘快確定問題的本質。顧客在找什麼？是網站上沒有顧客要找的內容或功能嗎？如果是這樣，開始在自助服務管道提供這些項目，對A公司來說是一項好投資嗎？如果顧客要找的資訊，網站上都有，那麼顧客為什麼無法找到，或者顧客找到資訊卻發現資訊撰寫或呈現方式讓他們很難理解？

我們也建議A公司一開始可以仿效萬事達卡公司和富達公司（見第二章與第三章），針對網站服務管道改善及避免後續問題的做法。另外，我們也建議A公司應該進行「問題—管道對應練習」（見附錄A），找出顧客依據本身的問題類型，應該造訪客服首頁的哪個部分，然後利用網頁配置和任務導向引導，協助顧客迅速選擇最佳解決途徑（例如：讓顧客最省力又讓企業最省錢的解決途徑）。最後，為了讓網頁內容更容易讓顧客理解，我們強烈建議A公司採用旅遊城市網站採用的世界級問答集十大準則（見第二章）。

那麼，對A公司來說，這些行動究竟能創造什麼潛在報酬？

慶幸的是，我們針對這項主題收集幾年的資料，讓我們能設計一些獨特模型，向企業說明透過我們建議的那些為顧客省力的做法，能讓企業獲得怎樣的潛在利益。知道企業整體顧客忠誠度及服務管道的費力程度，讓我們得以繪製兩者之間的關係圖，圖6.8就是A公司的顧客忠誠度與服務管道費力程度的關係圖。這個關係圖也說明企業應該降低顧客費力程度的原因。我們知道降低顧客費力程度，就表示顧客續購、增加消費和向親友推薦的意願全都大幅提升。以A公司的例子來說，我們發現**費力程度降低一〇％（這個目標很容易達成），就可能讓顧客忠誠度顯著提升三．五％**。如果貴公司的顧客忠誠度也提高三．五％，這表示什麼呢？對A公司來說，這表示業績增加幾百萬美元。對大多數企業來說，這是一個相當有效的分析，可以大略知道降低顧客費力程度，能在近期內提升多少顧客忠誠度。

最後，A公司團隊徹底推翻原本的策略計畫，重新擬訂策略，並著手將顧客費力程度評量列入定期績效評量及體驗改善方案中。

圖6.8　A公司網站無法順利解決顧客問題的原因

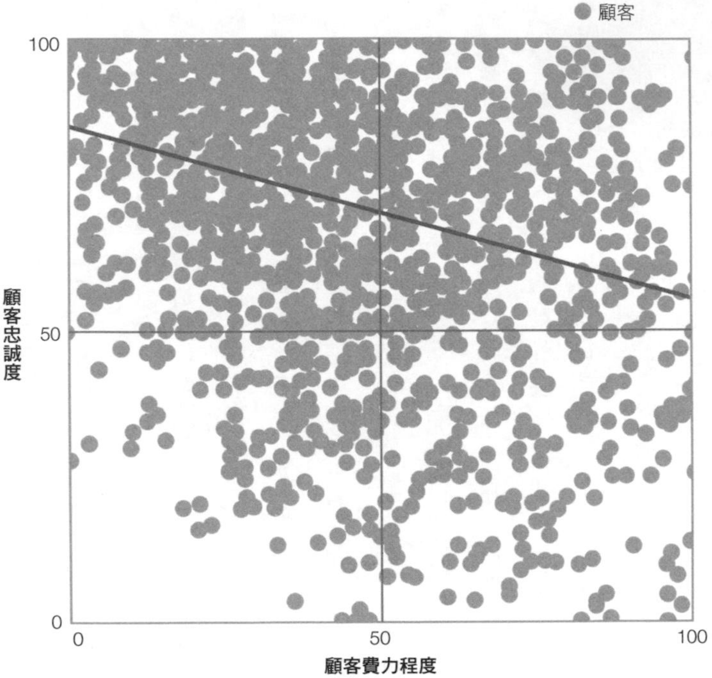

以A公司來說，將顧客解決服務問題所需的費力程度減少一〇%，就能讓顧客忠誠度增加三．五%。

資料來源：A公司、CEB公司（2013）

我們在CEB公司收集資料與進行研究初期，也開始重視顧客在服務體驗中費力程度的角色。過去五年，我們把這個構想當成服務組織的「運作系統」，現在我們已經累積數量驚人的資料、模型和分析，開始協助企業採取精準行動降低顧客費力程度，藉此提高顧客忠誠度讓企業獲得最大利益。

一直以來，我們的團隊努力讓顧客費力程

度評量這項技術精益求精，也向已經落實為顧客省力的企業學習，讓我們能為那些剛開始要步上這個歷程的企業做出更好的建議。不管是由我們為貴公司服務，或是貴公司自行利用本書介紹的工具與方法來幫顧客省力（我們在附錄F提供顧客費力程度稽核工具，讓企業可以自行檢驗這方面的績效），重點是以系統化的監控方式，持續評量不同服務管道的費力程度及導致顧客費力的主要因素。這樣貴公司就能持續找出因應對策替顧客省力，並讓顧客忠誠度有顯著的提升。

在結束以評量為主題的這個章節前，我們還要強調本章稍早提到的這項重點：沒有哪一種評量方法是萬靈丹。降低顧客費力程度是一件苦差事，企業必須從許多方面收集資料，而且可能是以先前從未想過的方式收集資料。從某種程度來說，這表示要推翻目前評量顧客體驗與服務管道績效的方式，但實際做起來並沒有那麼困難。我們共事過的企業大都表示本身只評量淨推薦值或顧客滿意度。那也沒關係，這不是在爭辯顧客體驗的哪種評量方式最好，而是要改善貴公司提供顧客的體驗，同時降低貴公司的營運成本，最後還能改善顧客對貴公司的忠誠度。但是，要把這件事情做好意謂的是，要問許多問題，不是只問一個問題。

企業界常講的「有評量才有成果」，這句話當然有道理，但是只有評量還不夠。雖然評量顧客費力程度能當成管理服務運作的一項有利準則，但是唯有等到客服人員真正培養為顧客省力的心態，企業才會在這方面看到真正的改善。在對顧客費力程度有所了解，也看完我們在本書提供的實用建議和評量方法後，接著我們就來看看，怎樣讓企業轉型成替顧客省力的組織。

重點摘要

◆ **評量顧客費力程度分數。**進行服務後續調查，利用顧客費力程度分數，評量問題解決的簡易程度。顧客費力程度分數提供一項有效指標，讓企業了解服務互動的顧客忠誠度，並突顯出顧客體驗的問題點，協助企業找出讓顧客感到相當費力的服務互動，就能提早採取因應對策避免顧客流失。

◆ **善用顧客費力程度評量系統。**雖然顧客費力程度分數是一項有效工具，但是講到評量顧客費力程度一事，並沒有十全十美的評量方式。通常，傑出企業會收集不同層級和不同來源的資料，了解服務互動是否讓顧客覺得費力，也從中找出讓顧客覺得費力的癥結所在。

第七章

建立為顧客省力的客服制度

降低顧客費力程度不能只是「一時興起」，為了讓這項工作穩紮穩打持繼續落實，就必須建立一套制度，形成一種運作哲學。這表示企業文化必須有所改變，除了改變客服團隊跟顧客互動的方式，還要把企業進行專案的優先順序做更動。雖然這樣講起來很容易，但是要做到這種本質上的改變其實很難，主要是因為在大型組織裡要推動變革可能萬分艱鉅。因此，我們打算利用本章跟大家分享從研究驅使客服人員採取新行為學到的一些課題，也跟大家說明我們從美國運通（American Express）和信實能源公司（Reliant Energy）這兩家率先以「為顧客省力」做為本身運作哲學的實例中，學到的一些寶貴教訓。

一開始該採取哪些步驟

我們就先摘要在驅使客服人員採取新行為這方面得到的一些重要發現，為這趟企業文化變革之旅揭開序幕。了解這些基本事項不但能協助企業設立一個試行小組，也能讓同仁對於為顧客省力策略更有參與感。而且這些基本事項還能協助企業，在內部全面落實為顧客省力這項制度，讓從管理高層到基層客服都為此齊心協力。

首先，企業必須備妥一個說服力十足的「變革故事」，這樣公司才有辦法跟全體同仁說明為什麼必須採用新做法。從許多方面來看，企業必須教導第一線人員（包括客服人員與主管），用嶄新的觀點去思考本身扮演的角色。我們經常看到組織緊抓著以往的做法不放，因為企業根本沒有提供什麼理論依據說明變革的必要。對員工來說，「為顧客省力」這項訊息只會變成耳邊風，跟其他必須做的事情沒兩樣，員工會依據工作本身的急迫性和重要性，再決定什麼時候才有空去做「為顧客省力」這件事。但是，說服力十足的變革故事就能打破這種「一成不變」的循環，傳遞出訊息讓員工感受到一股急迫感，也覺得新做法跟現行做法截然不同。如果企業能把變革故事說得動聽，大家就會覺得推動變革很有道理，也讓後續進行的所有溝通、訓練、指導和強化都有依據可循。

以下我們提供一個變革故事範例，你可以依據貴公司的獨特狀況做修改。請注意變革故事如何表述組織現行做法，討論現行做法為何不再適用，並為新做法提出說服力十足（又有資料依據）的說明，並表達出組織打算怎樣支持這項轉變。這個變革故事主要的用意是，帶領團隊完成一場理性與感性兼俱的變革之旅——這不是一個劇本，而是企業團隊步上為顧客省力這條道路時，應該持續強調的重點。

- **現在發生什麼事**：客服界正在改變，顧客期望似乎與日俱增。會出現這種情況是許多原因造成的，不過其中最值得注意的原因就是，自助服務正在改變顧客跟企業的互動。顧客不再因為簡單容易的問題打電話到客服中心，所以企業客服團隊要應付更錯綜複雜的問題，也就是那些讓顧客更頭痛、更憂心的問題。而且更殘酷的事實是，現在顧客不只拿我們跟競爭對手做比較，還拿我們跟他們惠顧的所有廠商做比較，雖然這樣似乎很不公平，但事實就是如此。所以，我們提供給顧客的體驗要跟知名網路鞋店Zappos和亞馬遜網站一較高下，而且一旦我們沒有做到那種標準，顧客不費吹灰之力就能透過網路批評我們，讓全世界都知道。現在，心有怨氣的顧客只要到YouTube上傳影片，或在推特或臉書貼文，就能跟他們認識的每個人說，我們沒有履行愉悅的服務體驗。（請注意：貴公司這部分的變革故事應該徹底傳達出客服團隊感受到的痛苦，客服團隊對這項挑戰再清楚不過。你只要讓大家清楚知道現在發生什麼事。）

- **以前的做法**：多年來，我們只是拿著查核表管理顧客體驗。在我們接聽的大多數電話大同小異的情況下，這樣做當然很合理，並不是說我們不關心個別顧客，而是說我們能迅速提供他們服務，然後趕緊為下一位顧客服務，這樣我們的服務組織就能以更有紀律的方式運作。當問題大同小異時，把客服團隊當工廠來運作當然沒問題，只要注重效率和一致性就好，我們就利用這種做法做了這麼多年。（請注意：這部分就直言陳述客服團隊一直以來的管理方式及原因。在「舊時代」用這種方式運作，當然是有很多正當理由。）
- **以往的做法不再適用**：要設法跟上我們目前面臨錯綜複雜的新環境是很難的事，而且我們讓你們肩負重擔。我們要求你們在這些日益困難的互動中，促使顧客對我們更加忠誠。但是，把顧客體驗當成流程來管理未必總能奏效，而且資料顯示，企業為了要在這種新環境裡提供有效的顧客體驗而傷透腦筋。根據CEB這家知名企管顧問公司最近的一項調查發現，顧客服務導致顧客流失的可能性，反倒是讓顧客更加忠誠的四倍。所以，我們的首要工作就是，把焦點轉移到減少顧客流失。（請注意：在此你要說明以往做法為什麼再也行不通，並提出資料佐證支持你的說法。你提出正當解釋，說明客服組織為何必須往不同方向前進，這時就是自家資料派上用場的大好時機，讓大家知道在顧客期望愈來愈高的環境裡，要符合顧客期望有多麼困難。）
- **看待服務的新思維**：CEB公司的研究顯示，顧客服務造成顧客流失的最主要原因是，顧客在實際服務互動時必須投入的費力程度。當我們讓顧客在服務互動需要額外費力，或讓服務互動超出應有的難度，就會造成顧客流失。你自己好好想想就知道，這樣講很有道理。我們都經歷過那種像設了層層關卡的服務互動，我們必須打電話跟廠商接洽好幾次，電話被轉接好幾次，害我們要一再重述自己的資訊，搞得我們筋疲力盡。在許多情況下，這並非客服人員的錯，但是客服人員其實可以讓我們覺得服務互動沒有那麼費力。（請注意：變革故事的這個部分要強調，幫顧客省力是企業該採行的新做法，你可以拿自家公司的故事和趣聞來打動人心。）

- **解決方案**：我們身為管理階層的職責就是，協助大家並支援大家，讓顧客更輕鬆就能把問題解決掉，照平常一樣過日子。現在，我們努力讓顧客能跟我們更輕鬆地互動，雖然你或許覺得為顧客省力這種事不在你能掌控的範圍內，但是我們會提供你一些做法，協助你從顧客互動中拿回一些掌控權。至於新做法這個部分，我們會更信任你對服務顧客及去除一些障礙的判斷，比方說改掉以往查核表那種做法，以協助你善盡職責。但是我們同樣也需要你們大家都學會並精通更妥善管理顧客體驗的方法。這項任務並不容易，但是主管會盡一切可能支援你。我們會教大家一些方法，降低顧客針對相關問題重複來電的可能性。我們也會協助大家使用精心設計過的特定用語，讓顧客覺得要解決問題，自己既不必太費力也不必有挫折感。而且，我們會追蹤不同的績效評量指標，讓你能在跟顧客互動時專心做好該做的事。同時，我們會提供你許多訓練和指導，讓這項轉變更順利完成。這是我們公司最重要的策略轉變之一，我們需要大家共同支持落實轉變。這項工作很艱鉅，不可能一蹴可幾，所以我們都必須做出承諾，從此時此刻起，要努力讓顧客解決問題時能更省力些。（請注意：你正在說明自家公司將努力追求的長期願景，以及公司在這場轉變中打算如何支援客服人員。變革故事這部分的論述重點就是，以這項轉變如何授權客服人員，讓他們能用與以往無法做到的方式去影響顧客。）

變革故事是整個管理團隊都必須徹底了解的重要事項，也是管理團隊必須持續強化的話題，尤其是在試行階段和初期推動時更需要這樣做。「以前的方法再也行不通，我們需要的是為顧客省力」，這個簡單概念就是變革故事要讓所有客服人員必須牢記在心的重點。而且這項簡單概念是指導互動的核心，也是小組會議的討論項目，同時是在為企業建立變革動能時，做為號召服務組織的一項主題。

最重要的變革推動者

要讓貴公司的服務哲學出現這麼徹底的轉變，就需要勤奮努力，專注於改變客服人員的行為，因為這才是顧客服務實戰時的關鍵。我們已經分析出，怎樣做才是改變客服人員行為及驅動績效的最佳方式。一般說來，企業可以採用二大做法培養客服人員的新技能，這二大做法就是訓練與指導。

為了更了解這兩種技能培養手段，我們從全球各地五十五家不同企業，針對三千六百多名客服人員及三百多位客服主管進行一項分析。在這次調查中，我們掌握有關訓練與指導客服人員的詳細資訊，也取得個別客服人員的完整績效資料，協助我們確實了解哪種技能培養手段對客服績效的影響最大。

在我們闡述這項分析的細節和探討為顧客省力策略的關聯前，我們先大概說明一下，大多數服務組織如何專注於培養本身客服人員的技能。從企業在這方面投入的總支出與總時間來說，目前最主要的做法就是訓練。而且藉由訓練，我們是指有正式架構那種一對多的教學，通常是課堂訓練或線上訓練（有時是以電子學習模組形式進行）。不管訓練如何發生，當大多數服務組織開始推動一項新提案，很自然的反應就是「把人員好好訓練一下」。新產品問世？也要訓練。採用新的品保計分卡？也要訓練。培養柔性技巧？還是需要訓練。

這並不表示客服中心沒有採用指導這種手段，只是這種手段發生在某種層級。不過坦白說，如果出現指導這種手段，通常比較像是後見之明，是對訓練所學的一種提醒。更常見的情況是，把指導跟「績效管理」劃上等號，所以指導就是被主管訓了一頓。

圖7.1　指導與訓練對於一般客服中心員工績效之相對影響

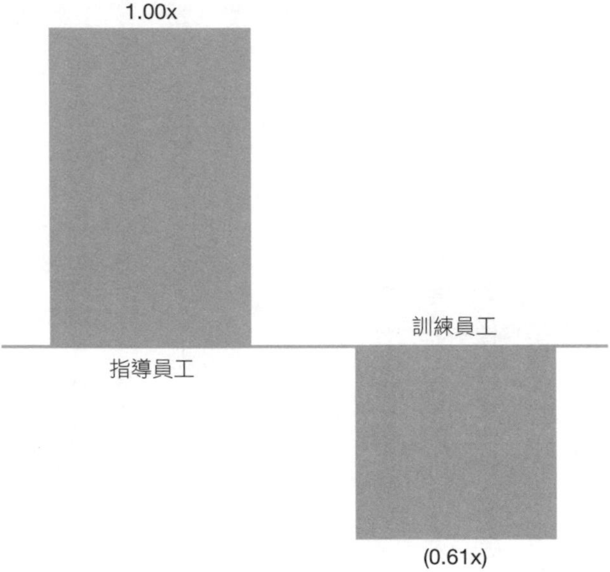

樣本數＝3,134名客服人員
資料來源：CEB公司（2013）

那麼，這樣專注於訓練的服務組織得到什麼？老實說，這種組織得到不多。結果，過度重視訓練的組織，客服人員的績效反而比較差（見圖7.1）。相反地，比較強調指導的組織，通常驅使整個團隊有較高的績效。由於指導如此重要，所以我們在本章會以相當多的篇幅說明，如何進行最棒的指導以支援為顧客省力的策略。

我們知道你心裡可能這麼想：先等一下……他們剛才說，訓練反而有損績效？我們先把這一點講清楚。跟以指導為重（通常比較不在意訓練）的組織相比，專注於訓練（常輕忽指導這種手段）的組織通常團隊績效相對較差。這並不表示你應該把所有訓練人員開除掉，改為只用指導這種模式。訓練有其派上用場的時間和地點，在某些情況和發展領域，訓練當然能產生績效改善，比方說：例行工作（例如：學習如何使用新系統及了解新產品）。但是，對於那些比較偏向藝術而非科學的技能領域，比方說運用語言降低顧客對費力程度的認知（例如：體驗工程），過分強調訓練其實就會對團隊績效造成阻礙。

對於一開始要讓團隊適應新構想及新服務做法的情況來說，訓練仍然是一種可以接受的方式。但是，訓練無法讓客服人員真正去探討如何應用構想，如何從即時意見回饋中學到寶貴教訓，或去發現怎樣做讓新做法對他們最有利。大多數訓練是以一系列的投影片告訴客服人員如何表現。如果有優秀的訓練人員參與，或許會進行一些角色扮演，或許，只是或許，還會進行一套練習，讓大家在隔天工作時實際演練。訓練是促成短期內理解的一種手段，無法做到持續的應用。因此，組織若仰賴訓練做為推行任何新服務標準的主要手段，就只能看到一時的成功，然後組織很快就會故態復萌。經理人會為此百思不解並怪罪訓練沒有用，但是訓練本身本來就不可能真正改變客服人員的行為，因為那本來就不是訓練的設計宗旨。所以當你開始進行為顧客省力的策略，就要先舉辦一場訓練會議（把本章先前介紹的變革故事跟大家分享），但是只有訓練會議還不夠。而且，不能讓你的團隊仰賴訓練會議來獲得勝利，因為那是不可能的事。

如何將訓練和指導做適當的組合，我們可以跟英國某家金融服務公司學習這方面的最佳實務。這項實務是以新進客服人員為培訓對象，不過有些寶貴重點可以馬上應用到貴公司為顧客省力的策略。

依據傳統，這家金融服務公司新進人員到職後就遵照標準「羊群消毒」（sheep dip）做法（所有羊都泡進有消毒液的大桶子，再趕回牧場），也就是新進人員一起接受訓練。這種流程要花四週的時間，每週學習一個新系統或產品線。舉例來說，第一週新進人員接受案件管理系統和電話操作等訓練；第二週就接受訓練了解該公司不同金融商品；第三週接受話務流程、電話轉接主管和其他電話管理技巧的流程訓練。對大多數組織來說，這是訓練新進人員相當常見的做法。一旦客服人員完成訓練並有資格上線接聽電話，他們開始實際操作後，很快就會發現不知道自己在幹麼，或不知道怎樣應對進退。其實平均來說，客服人員要達到令人滿意的績效，大約要花七週的時間。這個問題的癥結就出在，把流程、系統和產品當成不同的訓練情況，讓客服人員在必須同時回答三種情況，加上電話另一頭的顧客已經被問題搞得很火大時，客服人員當然手忙腳亂、不知所措。

所以，這家公司重新思考整個新進客服人員到職做法，決定一改以往做法，開始只教新進人員最常見的十大問題類型，把問題解決方式從頭到尾教清楚。所以，新進人員到職第一天早上自我介紹和喝完咖啡後，就直接開始學習如何為顧客確認保單資訊，這是該公司最常接到的來電類型之一。系統、流程和產品全都彙整在一起，讓新進人員知道如何解決問題。一旦新進人員受完訓練，知道如何處理最常見的十大問題，就被分配到客服中心馬上為顧客服務，開始實際演練——但是他們其實還在「受訓中」，還要受訓二週。客服新手一定會被顧客問到自己尚受訓過的問題，這家公司設計一個系統巧妙協助客服新手。當這類電話出現時，電話指導員會加入通話。在大多數情況下，指導員會協助客服新手完成互動，但是在某些情況下，指導員會直接接聽電話，請客服新手只要邊聽邊學。但是不管怎樣，指導員都會馬上聽取客服新手報告，討論發生什麼事，以及客服人員可以或應該怎麼做得更好。這樣就能讓客服新手更快學習如何處理棘手問題或特殊要求。如果電話指導員沒空，客服新手只要委婉跟顧客表示，稍後會去電提供解答，這家公司發現大多數顧客都能接受這種方式。這種強調指導、把訓練精簡的做法，讓這家公司不僅把新進人員訓練平均縮短到三週，也讓整批新進人員的績效大幅超過「令人滿意」的水準。

效法這家公司的做法，客服團隊就能針對最常見來電類型，接受一些為顧客省力的技巧。舉例來說，在顧客詢問帳單問題時，要如何為顧客省力：這時客服人員就學習到什麼時候該運用肯定語氣處理帳單詢問事宜，避免顧客因為帳單相關問題重複來電。客服人員學會在解決最常見問題時，如何從頭到尾為顧客省力。一旦貴公司的客服團隊從一開始就先掌握到，最常見來電類型怎樣為顧客省力，就由指導員專職協助客服人員完成比較不常見的問題類型，甚至在這些情境中，也指導客服人員如何精通為顧客省力的一些方法。

這家金融公司的例子突顯出，指導在客服中心的重要性實在不容小覷。可惜在大多數企業，

圖7.2　指導的定義

指導不是……	指導是……
評量過去的績效	專注於改善未來的績效
通常一年進行一次或二次	持續進行
由主管主導，接受指導者很少提出意見	指導者與接受指導者彼此意見交流
把制式化的內容應用到所有接受指導者的身上	針對個人發展需求設計指導內容

資料來源：CEB公司（2013）

主管卻對指導有所誤解。你可以問問主管他們是否指導自己帶的團隊，你聽到的答案一定是：「不然你以為公司付我薪水幹麼？」因為在客服界，主管認為自己本來就肩負指導之責，所以主管不會主動幫自己的指導設定一個相當高的標準。但是跟許多人的看法正好相反，指導跟評量過去的績效無關，也不是每年進行一次或二次。而且，指導不是所有客服人員一個月聽主管訓誡一次（見圖7.2）。指導是專注於改善未來績效，利用以往的例子說明重點；指導是客服人員與主管之間的持續對話，是雙方共有的交流，而且是針對接受指導者而設計，重點就是誰被指導及被指導什麼。

但是，就像生活中的許多事情一樣，

圖7.3　指導對績效產生的影響

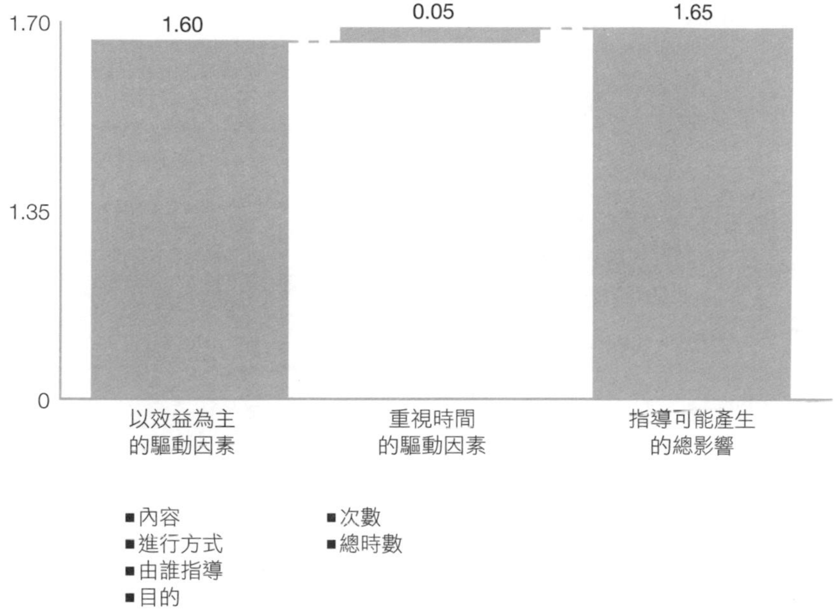

樣本數＝3,628名客服人員
資料來源：CEB公司（2013）

重要的不是有指導這種事發生，重要的是指導是怎樣發生的。許多服務主管誤以為好的指導跟發生的次數多寡有關，其實有八〇%的服務主管表示時間不夠是指導的最大阻礙。不過根據我們的分析顯示，指導次數本身不是指導效益的主要驅動因素（見圖7.3），更重要的是，指導的主旨、指導的方式、以及指導者關心並理解個別客服人員的發展需求，才真正讓指導發揮效益。

我們已經找出客服中心經常發生的兩種指導，第一種指導是排定時間的指導，這種指導最為常見。通常就是排定時間讓個別

圖7.4　不同指導形式的相對效益

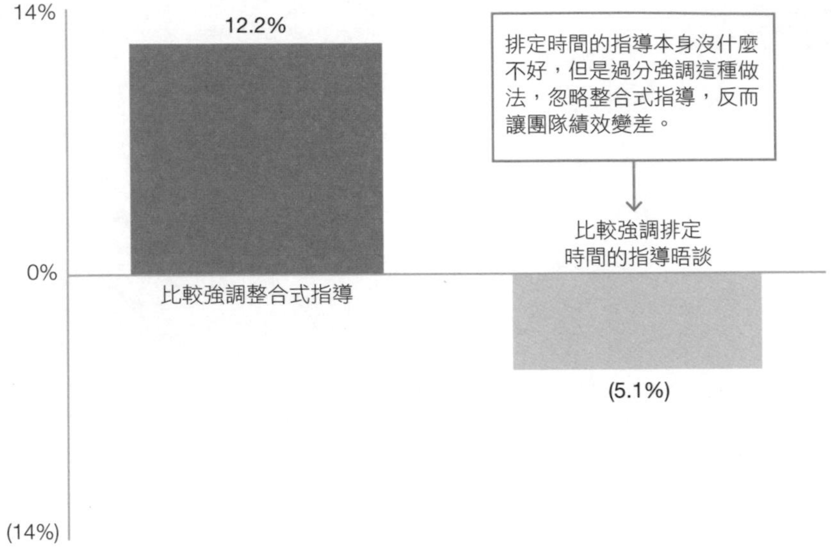
14%
12.2%
排定時間的指導本身沒什麼不好，但是過分強調這種做法，忽略整合式指導，反而讓團隊績效變差。
比較強調排定時間的指導晤談
0%
比較強調整合式指導
(5.1%)
(14%)

樣本數＝304名主管
資料來源：CEB公司（2013）

客服人員跟主管坐下來，檢視先前接聽顧客通話的記錄，然後討論績效並採取改正行動。大多數服務主管甚至希望這種指導更定期發生，但是我們的研究證實，真正有效的做法跟這種做法恰好相反。事實上，過分強調這種指導的主管，反而讓團隊績效較差（見圖7.4）。排定時間的指導並不像大多數服務主管想的那樣有幫助，原因是：排定時間的指導本質上幾乎都只是在訓斥個別客服人員，對客服人員個人發展需求一點幫助也沒有。主管會檢視客服人員沒有應對好的來電，但是客服人員通常早就不記得那些事，而且主管常會武斷地檢視這類記錄，因為主管必須迅速提出一個改善方向，所以上次品保分數差的來電就被當成指導的主旨。對客服人員來說，這種指導根本是在接受批評，這種經歷太可怕了。這種指導反而降低客服人員對工作的參與度和貢獻，顯然也危害到客服人員的生產力和整體效益。

不過，另一種指導——我們稱之為**整合式指導**（integrated coaching）——卻能讓績效大幅提升。整合式指導是在職指導，是針對特定顧客情境，這種指導的設計主旨是為了讓個別客服人員有所進步。事實上，比較強調這種指導的主管反而能讓自己帶領的團隊績效大幅提升一二%。

結果，最優秀的主管就是將整合式指導與排定時間的指導做完美比例的搭配，前者約占七五%、後者則是二五%。而且這類主管懂得運用排定時間的指導晤談，以公開坦誠的方式，不對以往客服電話記錄吹毛求疵，而是討論客服人員的個人發展需求（見圖7.5）。在排定時間的指導晤談時，主管和客服人員對於彼此要一起努力的目標及實現目標的做法達成共識。不過，真正的**指導**是發生在企業日常運作中，不是過幾天排定的指導晤談裡。

美國運通針對為顧客省力推動的試行方案，就依據以指導為主的模式。主管每週跟試行小組檢視客服電話記錄，評估在哪個部分妥善落實為顧客省力，哪些地方需要再多努力些。主管檢視的是**當天**的客服電話記錄，這樣就能避免客服人員想不起來通話內容這種問題。雖然試行小組的客服人員起初會接受一些訓練，但是他們實際上主要是透過指導，學習如何為顧客省力。我們稍後在本章會詳述美國運通是怎麼做的。不過，這種以指導為主的試行做法跟我們先前討論的整合式指導相當類似。美國運通指出，這種做法如何提供更坦率的討論，也讓客服人員有機會跟主管

圖7.5　整合式／排定時間的指導系統

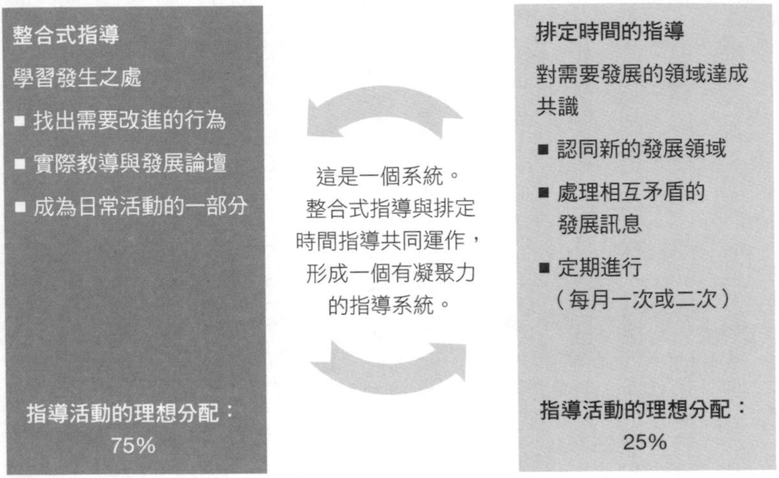

資料來源：CEB公司（2013）

一起探討「為顧客省力」這種新服務哲學。

為顧客省力是沒有明確規則或劇本、從經驗中學習的一種技能。客服人員必須能夠在跟顧客服務的當下，發揮適當的判斷力。因此，企業應該只用訓練來替這種新服務做法建立共識，而不是用訓練來促使客服人員的行為發生改變。行為改變只能靠平日工作的學習，主管必須主動並全神貫注於應用指導方法，協助客服人員養成及磨練這些新技能。如果說貴公司在試行為顧客省力這項工作時，只能選擇一項優先要務，那麼這項優先要務一定是指導。跟每項重大變革一樣，在為顧客省力這個歷程中，光是這些首要步驟可能就讓人難以招架、累個半死。現在，我們就把重心轉移到實戰做法，協助貴公司展開為顧客省力的歷程。

迅速讓客服團隊了解為顧客省力是怎麼回事

協助客服人員在心理上和情感上，對為顧客省力這件事產生連結，應該是貴公司客服團隊的首要練習之一。我們從會員企業那裡聽到一些創意十足的做法，協助客服團隊迅速了解哪些事情能為顧客省力，哪些事情會讓顧客費力。以下我們就為大家說明其中一些做法。

1. **分享自己的顧客體驗**。讓貴公司的客服團隊分享自己在生活中遇到的惡劣顧客體驗。挑選其中鉅細靡遺又精彩生動的互動，並在白板上寫下事件發生的確切順序。把互動的第一行標示為「做什麼」，意即客服人員或主管為了讓自己的問題得到解決必須做什麼？他們一開始是透過網站或客服電話解決問題？他們先跟誰對話？有重述資訊嗎？有被轉接其他客服人員嗎？問題有徹底解決嗎？必須再打電話到客服中心尋求協助嗎？在這個事件順序下方，問問事件當事人在各步驟時的感受。把這一行標示為「感受」，並寫下顧客經歷的情緒起伏。這些感受可能包括：那家公司的客服究竟知不知道自己在幹麼啊，一切真是讓人懷疑，又讓人受挫不已，或許讓人氣到開始大聲，甚至開始罵人。最後，再增加一行並標示為「費力程度」。請大家討論一下在這個事件中，哪些地方讓顧客費力，讓顧客費力的事情是以什麼形式呈現。這項練習相當簡單，卻能協助團隊迅速掌握費力發生在哪些地方及造成費力的因素。重要的是這項練習也顯示出，顧客體驗的理性與感性層面跟顧客費力程度之間的強烈關係。另外，資深主管和跨部門團隊也很適合進行這項練習。

2. **團隊品保會議**。我們發現有一些會員企業都用團隊品保會議，加深大家對為顧客省力這件事的了解。先篩選一些老主顧的電話，或許從已離職客服人員的通話記錄中，挑選出讓顧客相當費力的例子做說明（或挑選其中有些事費力，有些事省力的例子），再來就是挑選一些相當省力的例子。聽聽客服人員跟顧客的對話，讓試行小組指出他們認為對顧客來說，哪些地方很費力，客服人員在哪些地方做到替顧客省力，甚至給顧客方便，讓顧客覺得解決問題輕鬆多了。另外，鼓勵同仁想想顧客行為和情緒反應，討論哪些類型的費力因素可以控制，能讓接聽電話的客服人員使得上力，哪些類型的費力因素真的無法控制。記住，即使在客服人員必須跟顧客說「不」時，還是能善用語言的力量，盡量讓顧客不會留下壞印象。一旦完成這項練習，就讓團隊分成幾個小組，設計自己的「顧客費力程度品保表格」。看看小組設計的表格，了解他們從服務互動中的哪些層面，尋找讓顧客費力的因素？這個有趣練習可以加深團隊成員對顧客費力程度的了解，也讓大家針對這個主題交換意見。

3. **顧客費力程度日誌**。這是我們看到相當奏效的一種構想。公司發給試行小組的客服人員一人一本筆記本，讓大家想到為顧客省力的好點子就趕緊寫下來。顧客的問題是什麼？互動時發生什麼事？怎樣替顧客省力？在每週結束時的交班會議中，每個人就分享自己覺得有為顧客省力的兩個例子。重點是：讓這個練習愈簡單愈好，不要抱以過高的期望——記住，這只是讓同仁記得並公開肯定為顧客省力的絕佳體驗。相反的做法也一樣奏效：讓客服人員記下自己在哪些互動中，應該可以做得更好，幫顧客省力。找大家一起聊聊並鼓勵大家分享自己的故事，這不只是一個具有發洩作用的練習，也讓大家從同事的錯誤中學習，在工作上一起成長。

企業要將為顧客省力這個構想引進試行小組時，這些都是既巧妙又有效的做法，甚至還能協助企業擴大推行顧客省力方案。不過，除了一開始讓客服團隊先了解為顧客省力這個構想，企業還必須考慮一些可能遇到的重大陷阱。因此，我們接下來就介紹率先推行為顧客省力方案的美國運通和總部在美國德州休士頓信實能源公司，從他們的實例中學習。

跟率先為顧客省力的企業學到的寶貴教訓

顧客費力程度是很新的構想，雖然我們公司遍及全球的企業會員中，已經有幾十家企業會員開始追蹤顧客費力程度分數，不過我們接下來會以兩家除了評量這項分數外，還想盡辦法為顧客省力的企業做為實例。

別讓為顧客省力變成對客服人員的另一項「要求」

美國運通消費者旅遊網路（American Express Consumer Travel Network）在推行為顧客省力歷程時，沒進行多久就遇到一個重大阻礙。在多年來針對客服人員應該如何表現，不斷增加評量方式、品保標準和新期望後，為顧客省力這個新做法，當然會讓客服團隊產生一些質疑。對於美國運通挑選試行這項新做法的兩個小組來說，他們覺得這只是公司一時興起，他們沒辦法跟公司採取的這個新方向產生共鳴。照理來說，客服人員和主管跟為顧客省力這件事是有關係的，但是這個構想本身並沒有讓客服團隊馬上接受。

美國運通領悟到，為了讓客服團隊真正開始投入為顧客省力這項工作，就必須把對客服人員的期望合理化，把以往對客服人員及主管的要求去除掉。不同企業會發現，客服團隊因為企業賦予的不同期望，讓團隊無法對為顧客省力這件事投注心力，這幾乎可說是主宰客服團隊專注心力的自然法則。對有些企業來說，可能因為太過重視取悅顧客和提供超乎顧客期望的體驗，而讓客服團隊沒有餘力想到要為顧客省力。只要企業別對客服團隊抱持這種期望，就能讓客服團隊比較不會覺得為顧客省力是公司要求他們做到的另一件事。

對其他企業來說，可能因為過分重視品保標準，像第五章討論過的運用查核表方式管理顧客體驗，讓客服人員無法對為顧客省力這項工作產生共鳴。美國運通就從這裡開始著手，減少客服人員被要求做到的事項，這樣客服人員就更有餘力把為顧客省力這件事當成優先要務，而不是公司要求做到的另一件事。其實，美國運通還把品保標準合理化，從原本二十六項不同的評量標準，減少到七項技術行為和五項忠誠度能力。從許多方面來看，美國運通必須改變先前的做法，才能推動為顧客省力的試行計畫；要求客服人員做到的事必須更少、而非更多，才能讓客服人員有心將為顧客省力這件事做好。

信實能源公司也發現客服人員和主管有這種傾向，大家都把時間用在公司重視的那些事情上，也就是公司向來對通話時間的要求。公司要求客服人員能為顧客省力，同時也要求客服人員管控通話時間，這樣當然跟美國運通一樣，引起客服人員出現同樣的反應——客服人員覺得為顧客省力不過是公司要求他們做到的另一件事。因此，信實能源公司的副總裁比爾．克雷頓（Bill Clayton）要求改變原先評估平均通話時間的方式。克雷頓認為平均通話時間不必再讓客服人員知道，只要計算通話後處理時間和顧客線上等候時間。這樣一來，客服人員就能在通話時專心服務顧客，還是可以在接通不同電話時維持水準以上的生產力。公司方面還是繼續追蹤平均通話時間，只有通話時間超出平均通話時間太多的客服人員會接受額外的指導或績效管理。根據克雷頓表示，這樣做替該公司去除一大障礙，讓客服人員能有效地服務顧客，也覺得自己在工作上有更多權限。

重點就是，為了讓新行為成為一種習慣，就必須把不需要的舊行為去除掉。企業必須告訴客服團隊哪些事不必再做。服務組織向來的通病就是要求人員採取新行為，服務主管三步五時就「在螢幕畫面上加個訊息」，提醒客服人員依據新期望去表現。但是，客服人員跟主管能在工作上付出的心力是有限的，為顧客省力這件事必須取代原本的某件工作。為了讓大家努力為顧客省力並持續做好這件事，企業就必須改變對客服團隊的期望，而不是在對他們的成堆期望上再多加上一個。

初期階段可以採行的步驟

不過，當客服人員覺得有時間專心為顧客省力時，卻出現另一個障礙，那就是客服人員發現要為顧客省力的方式有哪麼多，自己實在不知從何下手。詢問客服人員所屬企業如何為顧客提供更好的服務，你會聽到這樣的回答：「你要我從哪裡講起？」客服人員對於本身服務組織的缺失再清楚不過，因為他們每天耳濡目染。只是跟客服人員說：「好吧，我們會放寬大家的平均通話時間，這樣大家就能專心為顧客省力，現在趕快去給顧客方便，讓顧客更輕鬆解決問題！」這樣客服人員只會跟你翻白眼。對大多數客服人員來說，可能為顧客省力的方式多到讓人無法招架，對管理團隊來說就更別提了。

所以企業該做的是，讓客服人員縮小專注範圍，只有影響極大的幾件事是他們應該專注的事。這樣做就是初期致勝，最後讓全體客服人員為顧客省力的重要關鍵。

像信實能源公司這些率先為顧客省力的企業，提供我們清楚明確的準則，說明客服人員起初能採取什麼步驟為顧客省力。事實上，信實能源公司在試行階段和初期推動時，只期望客服人員在二個很簡單的地方為顧客省力。這家公司很聰明地從讓顧客最感費力的因素中選出兩項因素，一項是屬於情緒層面，一項則是理性層面。

以顧客費力程度的情緒層面來說，信實能源公司選擇讓客服人員採取最基本形式的體驗工程，也就是我們在第四章討論過歐司朗公司那種做法——善用肯定語氣。在信實能源公司的客服中心，客服人員經常用「無法」和「不行」來回答顧客。所以，該公司試行小組應用指導方法，讓客服人員改以肯定語氣應對，最後這項做法更是大規模推行到全體客服團隊。原本客服人員會跟顧客說「我無法解決那個問題，我必須幫您轉接業務部門，」現在改用「我們的業務部門可以協助您輕鬆解決那個問題，我幫您接通業務部門好嗎？」信實能源公司找出客服人員最常見說「不」的情境，把範圍縮小到最常發生的五種情境。

透過簡單的語言技巧為顧客省力，就是一個很棒的初期做法。這樣做不但簡單，還顯示出為顧客省力這件事是**在客服人員的掌控中**。這樣做有助於指導客服人員注意到顧客體驗更情緒的層面，也不會讓顧客覺得做作或耍什麼花招。信實能源公司利用這些原本說「不」的情境，幫為顧客省力的試行小組舉辦互動訓練研討會，讓客服人員參與小組討論，提出更多肯定語氣的選項，並依據這些情境進行各種角色扮演和一對一練習。在這些互動研討會中，客服團隊更加體認到語言的力量。當客服人員扮演顧客的角色，直接體驗到被告知肯定語氣的感受時，就讓客服團隊對肯定語氣產生最大的共鳴。如同信實能源公司團隊跟我們說的，讓客服人員以顧客的立場去想，在初期推動為顧客省力做法時是相當重要的。同樣值得一提的是，事實證明這些互動訓練研討會是迴避一般課堂式訓練體驗的聰明做法。

至於顧客費力程度的理性層面，信實能源公司則讓客服人員具備預先解決可能有關的問題，避免顧客重複來電，跟第三章提及加拿大某家電信公司的做法類似。信實能源公司不像加拿大那家電信公司設計完整的問題樹，而是選擇只預先解決一種問題型態：跟用電量高得異常有關的客訴問題。對於想要詢問帳戶狀況的顧客，信實能源公司訓練有素的客服人員會提供顧客機會，針對個人用電量設定自己想要的警示訊息。舉例來說，顧客可以選擇在用電量超過每月平均用電量時，收到簡訊或電子郵件通知。事實證明這樣做是避免後續問題的聰明策略，因為這樣（一）既為顧客省力，也（二）大幅減少帳單爭議。把客服人員開始努力為顧客省力時的範圍縮小，就讓試行小組的客服人員覺得整個做法變得更具體可行。

從少數幾個方面開始為顧客省力，讓企業更容易朝這個目標邁進。客服人員清楚知道要做什麼，也更加明白怎麼做才能真正為顧客省力。而且，主管只要指導一套數量有限的新行為。當為顧客省力試行方案奏效且初期做法也開始生根，你會想確定為顧客省力的新構想，不會只是另一張查核表罷了。為顧客省力這整個構想不能只是一套個別工作，而該是對整個服務賦予的新期

圖7.6　美國運通消費者旅遊網路品保流程新舊做法對照

	現行方案 符合查核表標準	建議做法 顧客體驗
定位	訂單處理人員	顧客
品保格式	個人行動查核表	成效式顧客體驗
我們學習什麼	通話時發生的事	對顧客來說服務互動有多麼輕鬆或費力
指導風格	針對查核表計分卡進行指導	針對造成顧客費力的因素進行指導
預期目標	品保流程最適化	顧客體驗最適化
	專注於「個別食材」	著重如何「把蛋糕烤好」

資料來源：美國運通消費者旅遊網路、CEB公司（2013）

望。客服團隊必須了解自己在為顧客省力方面扮演的角色，並設法符合企業對服務的新期望，讓顧客跟企業互動時更容易些。那麼，企業如何避免為顧客省力這件事變成另一張工作事項查核表，而讓大家認同為顧客省力是公司對服務的新期望？美國運通跟我們分享，他們在試行小組及初期推動時的精湛做法。

要把蛋糕烤好，不能只在意個別食材

先前我們談到美國運通把原本對服務的期望，從二十六項個別標準，減少到七項技術行為和五項忠誠度行為。但是，重點不是數量減少超過一半，而是美國運通怎麼做的。他們把整個做法的重心改為評估通話和指導，往更合乎常理服務顧客的方向邁進。

原本美國運通評估通話的模式幾乎只以符合查核表為主，客服人員就依此標準努力在品保計分卡拿到最好成績（見圖7.6）。新模式就不一樣，是以確保顧

圖7.7　美國運通消費者旅遊網路的「核心計分法」計畫概覽

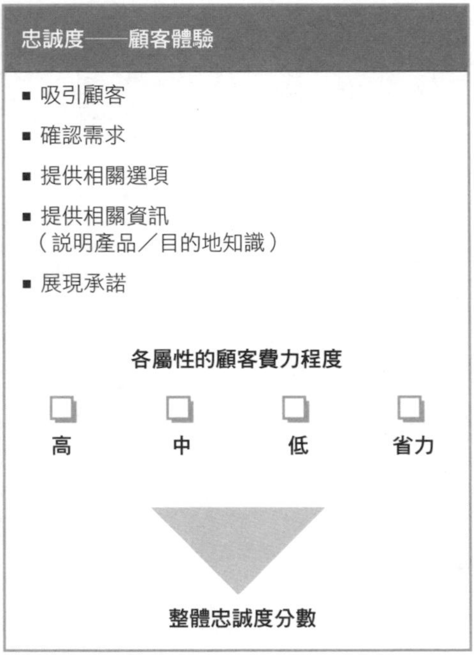

資料來源：美國運通消費者旅遊網路、CEB公司（2013）

客獲得省力體驗做為評分標準。美國運通舊新做法的差異，就像是專注個別食材跟烤一個蛋糕的對照，以往客服人員無法認清顧客成效這個大格局，反而只在意品保計分卡上的標準。

美國運通把新做法稱為「核心計分法」（COREscore），意指任何服務體驗應該體現的核心能力。這種做法不再拿冗長的查核表當標準，而是以更合乎常理的方式，為顧客提供省力的體驗（見圖7.7）。

至於七項技術行為雖然本質上比較一板一眼，卻能協助確保客服行為符合法令與重要事業流程。這七項行為則依據合格或不合格進行評估。相較之下，忠誠度行為則體現出，企業對客服人員如何服務顧客的期望所出現的最大變化。雖然這些行為跟一般客服通話流程沒兩樣，但重要的不是客服人員如何執行這些行為——那件事就交給客服人員自行判斷——重要的是他們具體體現這些核心行為。

1. **吸引顧客**。在跟顧客通話期間，展現一種專業自信及吸引人的行為。配合顧客的語氣和講話速度。這樣做不是要當顧客的知交，而是要依據顧客的個性做應對。（請注意這項做法跟第四章提到依據個性特質採取解決對策的類似之處，以及這樣做如何利用顧客費力程度的情緒層面吸引顧客。）
2. **確認需求**。主動傾聽並探詢顧客需求，這包括顧客明說及顧客自己都不知道的需求。企業期望客服人員花時間去了解顧客的需求。（請注意這項做法跟第三章提及加拿大某電信公司實務的類似之處，以及這樣做如何把為顧客省力的這些要素都包含進來：解決未明說的問題、降低費力程度的理性層面，尤其是把後續接洽的需求也跟著減少。）
3. **提供相關選項**。跟顧客說明，顧客如何利用個人專屬的方式，讓需求得到滿足。協助顧客評估不同選項，並提供顧問式的建議。（請注意這樣做跟第四章檢視LoyaltyOne公司實務的相似之處。美國運通鼓勵客服人員提供顧客選擇，但最後會提供顧客個人專屬建議，這樣做等於把實際和感受的費力程度一併降低。）

4. **提供相關資訊**。提供顧客可能不知道的細節和知識，扮演專家的角色，協助顧客了解情況做出明智的決定。（請注意，美國運通鼓勵客服人員教導顧客旅遊秘訣、旅遊目的地的詳細資訊或其他顧客可能不知道的實用資訊，幫顧客在旅遊前先節省一些時間。）

5. **展現承諾**。跟顧客溝通要採取什麼行動，請顧客放心這些服務都會包括在內。向顧客清楚說明接下來該做的步驟，主動支援顧客的需求並展現對顧客的支持。（請注意，美國運通如何善用體驗工程的聰明技巧，這個步驟讓顧客對解決方案有信心，也讓顧客心裡覺得服務互動很省力。）

這些核心計分法中的每項標準只依據一項成效進行品保審查評量，這項成效就是：客服人員在互動中是否盡可能為顧客省力？主管則利用一項參考準則，每週最多評量個別客服人員的十通電話。這項參考準則協助主管診斷，客服人員讓顧客覺得服務互動多麼費力或省力？（見圖7.8）

每種忠誠度行為都跟顧客費力程度有一套直接清楚的關聯，由主管協助客服人員了解，客服人員在哪個部分確實為顧客省力，在哪個部分需要改善加強。

圖7.8 美國運通消費者旅遊網路的忠誠度參考準則

忠誠度關聯指引—標竿

	顧客費力程度高	顧客費力程度低	效益
吸引顧客	• 沒禮貌及（或）不專業的行為 • 分享資訊時缺乏自信 • 客服人員自己一直講 • 無法確認顧客的觀點 • 無法呼應顧客的步調、語氣、方式或作風	• 專業有禮的行為 • 有自信地分享資訊 • 雙方面交談 • 符合顧客的步調、語氣、方式或作風 • 在設法解決問題前先確定顧客的觀點／問題	• 溫暖隨和，關心又能吸引顧客的行為 • 以權威和見解傳達資訊 • 互動頻繁的交談 • 展現對顧客觀點的理解
確認需求	• 無法確認顧客講的線索 • 無法在適當時機以適當問題判斷顧客需求 • 沒有提出夠多問題確定顧客的所有需求都被找出了	• 確認顧客講的線索 • 在適當時機以適當問題判斷顧客需求 • 提出封閉式問題確認顧客需求	• 確認顧客沒有明說的需求 • 有效確認顧客需求 • 提出探詢式的開放性問題，確認顧客的所有需求
提供相關選項	• 顧客接收到跟解決自己要求無關的建議或是建議不夠充分 • 沒有指引顧客了解有哪些相關選項 • 建議不清楚或沒有充分說明 • 在適當情況下沒有進行交叉銷售 • 把需求轉變成銷售的做法太粗糙或太突兀	• 顧客接收到跟解決自己要求有關的建議 • 指引顧客了解有哪些相關選項 • 在適當情況下進行交叉銷售 • 提供解決方案減輕顧慮 • 把選項成功推銷給顧客並達成交易	• 針對顧客明說及未明說的需求提供相關建議 • 清楚說明解決方案如何／為何能幫顧客減輕顧慮
提供相關資訊（說明產品／目的地知識）	• 沒有清楚說明產品／目的地的特性或優點 • 在必要時沒有替顧客進行額外調查	• 清楚說明跟顧客需求有關的產品／目的地的特性、優點及方案 • 無法直接回答的問題，就向顧客說明會幫忙調查後再回覆	• 針對產品／目的地的特性或優點提供徹底詳細的解說 • 利用價值聲明解釋方案／優點符合顧客需求 • 設法教育顧客一些新事物
向顧客展現承諾	• 無法清楚說明接下來會發生的事 • 迴避為顧客需求負責 僅供內部查閱： • 沒有有效解決顧客的要求	• 提供清楚說明接下來會發生的事 • 為顧客需求負責 僅供內部查閱： • 有效解決顧客的要求	• 除了直接解決顧客要求外，還做得更好，為顧客需求負起全責 • 採取額外行動給顧客方便／讓顧客更輕鬆，即便跟顧客要求沒有直接關係

資料來源：美國運通消費者旅遊網路、CEB公司（2013）

在試行階段，試行小組主管也參與每週檢討會議，討論核心計分法包含的行為、評估準則和試行效益。然後依據主管的意見，把為顧客省力的模式做幾次修改。美國運通利用這種方式，確定能促成客服團隊發生改變，而且是透過指導會談、不是課堂教學來發生改變。

核心計分法的整個焦點就是：建立全面適用的服務準則，但讓客服人員做自己必須做的事，盡可能讓顧客覺得互動很省力。就是這樣。無需查核表，也不要求客服人員稱呼顧客姓名三次，不照本宣科創造顧客需求，以往要求的這些做法全被打入冷宮。核心計分法是讓客服人員獲得鬆綁的做法，讓客服人員自行確保以一種為顧客省力的方式，把每種忠誠度行為都具體體現出來。

讓為顧客省力成為企業文化的一部分

為顧客省力並不是速效專案，如果把它當成速效專案，一定很快就失去動力，專案就會以失敗收場。主要是因為，為顧客省力是一種服務哲學。跟哲學或文化上的任何改變一樣，都要花時間，要持續強化，並且要把會讓進度拖延的抑制因素和障礙去除掉。從許多方面來看，像放寬平均通話時間的要求或減少使用品保查核表這類作業上的重大改變，其實執行起來比較簡單，但是像要強化讓客服人員想想「我能做什麼確定顧客不需要再打電話跟我們詢問？」這種小事，做起來反而困難些。

這些重大改變需要組織做出相當大的承諾，經理人和主管也必須勤奮努力，專心幫組織打造以不同想法看待服務的一種能力。這件事是發生在跟顧客接洽的第一線員工身上。事實上，真正推動變革時，資深管理團隊說什麼或做什麼其實影響不大，客服主管必須獲得管理高層的授權，促成企業文化出現改變，讓個別客服人員能夠採用新行為並持續下去。

除了客服主管，客服人員自己也必須彼此交換意見，想想怎樣為顧客省力。**為顧客省力這件事的成敗就在茶水間**。而且，雖然這樣講似乎很不公平，卻是客服部門的現實狀況。客服人員幾乎跟資深領導團隊日復一日做出的事業決定完全脫節，資深領導團隊是以企業大局著想，但客服人員不是。他們必須相信「為顧客省力」這個構想真的對顧客比較好，也能讓他們的工作更輕鬆些。對客服人員來說，為顧客省力意謂的是，顧客更少抱怨，更少口出惡言，客服人員正在發揮影響力，不是照本宣科或勾選查核表上的項目。這表示企業相信他們的判斷，**這項訊息必須相當**清楚，在轉變期間讓客服人員充分感受到並加以落實。而且，客服人員必須感受到企業的信任，並且把這種心情彼此分享。

雖然要讓這種轉變發生，我們實在很難提供企業什麼策略建議，但是我們可以分享信實能源公司告訴我們的一項方法，事實證明這項方法確實能協助客服人員，接納「為顧客省力」這種新做法。信實能源公司把這個方法稱為「顧客費力程度飛行模擬器」（Customer Effort Flight Simulator）。這項方法由SimplySmart Solutions公司設計，提供信實能源公司的客服團隊一個安全場所，讓客服人員能跟同事一起實驗與學習，如何運用自己的最佳判斷為顧客服務。另外這個方法還有一個更棒的好處就是：這樣做是客服人員幫忙客服人員。不是主管告訴客服人員做什麼和怎麼做。這樣做為新行為制定一個社會規範，也信任客服人員為自己建立這種能力。

顧客費力程度飛行模擬器的做法就是：三位客服人員組成一個小組，利用虛擬帳戶進行演練，他們的工作就是完成各種服務情境。其中一人扮演客服人員，一人扮演顧客，另一人扮演觀察者，沒有劇本，主管也不會給予什麼指示說該怎麼開始每種情境，也沒有提供「正確」答案。事實上，管理階層根本沒有出現。這些小組透過角色扮演，自行判斷用最省力的方式解決問題。最後在把每個情境解構分析並進行討論。「顧客」就提出意見，談談自己希望「客服人員」可以怎麼說。「客服人員」說明他們認為顧客想要什麼，或他們察覺到顧客有何感受。觀察者則提供客觀中立的意見。

整個系統很簡單，但卻相當有效。在我們的研究中，我們把這個構想比喻成網絡判斷（network judgement），也就是從自己的人際網絡學習。透過這種方式學習的效益相當可觀，除了學會技能，加強人際關係和彼此的了解，也讓客服人員對手邊的工作更有參與感，更願意努力做出貢獻。雖然信實能源公司並沒有認為這個方法是該公司為顧客省力獲得龐大迴響的主因，但是這個方法顯示出，該公司如何達成這項重大改變。而且對於那些篤信「試過才知道好不好」的人來說，我們可以提供數據佐證，信實能源公司在顧客費力程度分數上，比能源產業同業表現優異整整二六％。

為顧客省力是一項持續不斷的挑戰，企業必須給予客服團隊持續不斷的支持。企業當然需要許多由上而下的溝通，也需要優秀經理人和主管的支持，還必須採用適當的評量方式。但是企業在推動為顧客省力方案前的優先要務就是，先準備好一個說服力十足的變革故事，有效的指導訓練，以及清楚告知期望，省力體驗應該是客服人員應對每位顧客時要達成的目標。而且，企業必須設計一套初期步驟，協助團隊推動為顧客省力方案，否則就無法讓客服人員有參與感，最後這個方案就會失去動力，無疾而終。另外，企業若是能讓團隊在剛開始推動為顧客省力方案時**更輕鬆些**，絕對能讓方案成功的機率大增。

重點摘要

◆**為顧客省力，不要靠訓練，要靠指導。**傑出企業知道為顧客省力無法透過課堂訓練學習。雖然訓練有助加深大家對為顧客省力的了解，但是這種新做法牽涉到客服人員的行為改變，唯有透過客服主管有效的指導，才能讓這種改變出現並維持下去。

◆**讓新舊行為產生清楚的對比。**說明為顧客省力這種做法，為何跟現行服務哲學有所不同及有何不同。利用變革故事持續強化團隊為何需要努力做好為顧客省力，這樣做的利害關係是什麼，以及團隊能得到什麼支援。

◆**別讓為顧客省力變成企業對客服人員的另一項「要求」。**企業對客服人員的要求已經夠多了，把為顧客省力這件事交待下去要客服人員照辦，只會讓客服人員覺得組織對這件事並不在意，客服人員就會先處理手邊要緊的事，把這件事先擺一邊。把通話時間或嚴格品管表格這些要求去除掉，就能讓試行小組真正有餘力專心為顧客省力，最後就能協助企業判斷改變客服行為的適當方式和錯誤方式。

◆**讓為顧客省力這項工作變得輕鬆些。**要求客服人員「趕快開始為顧客省力」，卻沒清楚告訴他們該從哪裡著手，也沒說清楚要怎麼做，這樣當然會讓客服人員感到困惑並遭致失敗。企業應該把對客服團隊初期試行為顧客省力的期望縮小範圍，比方說：只要預先解決某種特定的服務問題，或是針對幾個常見問題運用肯定語氣。當試行小組熟悉這些做法後，企業就該給予更多的支持與指導。

第八章
打造為顧客省力的企業

雖然我們把討論重點放在顧客跟客服中心的互動，但是為顧客省力這個概念，當然不是只局限在客服中心的運作。所以，我們利用本章探討客服中心以外的服務管道，如何應用為顧客省力這項概念。

顧客費力程度在零售和現場服務環境中的角色

我們很喜歡蘋果專賣店（Apple Store），但是原因或許跟你想的不一樣。沒錯，蘋果專賣店空間寬敞、裝潢光鮮酷炫又有時尚感、還有各種新科技商品，就算是厭惡購物的人都能在裡面待上好幾個小時。不過，我們認為蘋果專賣店的成功關鍵之一是，蘋果公司盡全力讓店內體驗是一種省力的體驗，因此蘋果專賣店的每平方呎營收高居零售業者之冠。

蘋果公司前任零售資深副總裁朗恩．強生（Ron Johnson）表示，蘋果公司的產品本身就是人們造訪蘋果專賣店的一項原因，不過產品本身卻不是人們上門的主要原因。儘管大批顧客湧入蘋果專賣店搶購蘋果特價商品，但顧客到蘋果專賣店主要是因為這裡「跟一般商家不同」，蘋果專賣店的店員全力協助顧客，不會拼命跟顧客推銷：「人們因為體驗才到蘋果專賣店，而且他們願意為此多花點錢。這項體驗由許多要素構成，但其中最重要的要素或許是，店員專注於設法讓人們的生活更美好，而不是拼命跟顧客推銷，其實零售業者都可以學習這種做法。這樣講聽起來好像不可能，但卻是事實。蘋果專賣店的店員各個訓練有素，因為他們不是靠業績獎金當薪水，所以顧客是否消費，對他們來說其實沒差。因此店員可能協助顧客購買價格高貴的新電腦，或者只是幫忙顧客讓舊電腦運作更順暢，讓顧客開心使用舊電腦。」[1]

蘋果專賣店成功的另一項關鍵是，把零售賣場讓顧客最費力的一項因素去除掉：排隊。雖然有時候蘋果專賣店在新產品上市前，門口會大排長龍，但是蘋果專賣店店內絕對不會出現排隊這種事。我們都經歷過在商店裡為了買某樣東西大排長龍那種無奈感，比方說在熟食櫃台、退貨櫃台和百貨公司收銀台，我們就遇過這種狀況。在蘋果專賣店總是門庭若市的情況下，蘋果公司如何妥善管理，讓顧客不必排隊等候？

首先，蘋果公司管理技術支援流量，讓顧客事先約好時間接受技術服務。雖然大多數店家要求顧客排隊（有時甚至是要顧客在店家開門前就先在店外排隊），才能取得技術人員的支援，但是蘋果公司讓顧客自行選擇想要到店尋求協助的時間。蘋果公司提供Genius Bar這套使用起來輕鬆便利的線上預約維修系統，讓顧客在上門時不必等候就能直接獲得服務。而且，如果顧客遲到了，還是不必排隊等候。顧客進到店裡報到後，大型螢幕上就顯示出顧客何時能接受維修服務。

其次，蘋果專賣店不必排隊結帳，這是零售賣場大排長龍的另一大主因。大多數商店都設有結帳櫃台，結果讓賣場出入口人滿為患，尤其是收銀人員人手不足無法迅速消化人潮時，結帳隊伍就愈排愈長。蘋果公司善用本身的科技，讓每位店員化身收銀員。想要買什麼嗎？在蘋果專賣店裡只要隨便找位店員，他們就能在自己的iPod Touch上，用一種特殊讀卡機幫你刷卡結帳。真是太棒了，他們甚至提供一種省力的收據，當你還站在店員面前時，店員已經把收據透過電子郵件的方式寄給你。

我們看過其他零售業者運用類似構想，提供更省力的購物體驗。舉例來說，Old Navy服飾店就全面檢查所有分店，為目標顧客群（帶小孩購物的婦女）提供更便利的購物體驗。[2]這家連鎖服飾業者不但把服飾陳列架的高度降低（讓店內購物的婦女一眼就能看到自己的小孩在哪裡），也重新設計店內動線，讓收銀台呈環狀排列，把試衣間設在賣場中間區域。店家甚至把試衣間的衣架變成協助顧客篩選的工具，利用「愛不釋手」、「喜歡」和「不適合我」這三種標示，協助顧客找出她們想試穿的服飾。而且，店家還新增「迅速試衣」區（設有布簾的簡單隔間），讓不必把衣服全都脫掉，只想試穿毛衣或夾克的顧客方便試穿。最後，店家還為孩童增加一個遊樂區和互動展示區，讓婦女可以輕鬆購物。

學界也對省力服務在現場零售環境中的角色進行研究，最近我們收到英國瑞丁大學學生寫的一篇論文副本，論文名稱是〈顧客費力程度在實體零售環境中對顧客忠誠度的影響〉（The Role of Customer Effort on Customer Loyalty in Face-to-Face Retail Environments）。這名學生進行自己的調查研究，想了解費力程度對零售業顧客忠誠度的影響。他調查這三種不同零售環境的顧客：雜貨店、百貨公司和消費電子用品店，並發現費力程度在店家顧客忠誠度這方面扮演相當重大的角色：

> 結果證實，顧客費力程度跟顧客忠誠度之間絕對有一項重大關係存在。……也就是說，企業如果打算保有現有顧客，就必須確保顧客在讓自己的要求獲得處理時，花愈少心力愈好。……顧客費力程度分數是一項有效的評量工具，為顧客體驗和顧客忠誠度創造出完美的連結。……如同這項研究顯示，顧客費力程度分數除了初期應用在客服中心的環境外，還可以順利應用到實體零售環境。從這方面來說，顧客費力程度分數是一個變通性極高的評量工具，採用這項工具並將其分析廣泛運用，才是企業應該做的明智之舉。[3]

這名學生發現，談到零售環境的顧客費力程度，最重要的兩項關鍵因素就是「導覽能力」

（顧客能多輕鬆找到自己要找到的東西）和「問題解決」（顧客能多輕鬆取得協助解決一些問題）。在導覽能力這個部分，這位學生突顯出英國零售業者特易購公司（Tesco）所用的策略。特易購公司設計一個智慧型手機應用程式，協助顧客在賣場裡迅速找到商品，像有機連鎖超市Trader Joes和Waitrose超市這些公司也採用類似做法。特易購公司的賣場人員還會帶顧客找到他們想找的商品，不是只告訴顧客商品在哪個走道。至於問題解決這個部分，這位學生以梅西百貨（Macy's）為例，梅西百貨訓練售貨員不只要直接回答顧客的問題，還要主動提供建議與意見，包括建議替代選項，協助顧客做出購買決定。

顧客費力程度在產品設計的角色

雖然我們這輩子沒看到稅法簡化，但至少像推出TurboTax稅務軟體的Intuit這類軟體公司，讓我們在報稅時輕鬆許多。TurboTax稅務軟體的秘訣就是，使用一種直覺式、用語簡單易懂並以問題為主的做法，協助納稅人報稅。當你使用這項產品時，你不會像在做會計練習那樣傷透腦筋，你只要回答一些措詞簡單的問題。美國國稅局表格上的用語可能是：「輸入退休基金免稅額」，但TurboTax稅務軟體只問：「檢查你的W-2表格（年度薪資結算表）上第11項欄位，如果欄位內有數字，就把數字輸入到這裡。」而且，如果在使用上出現問題，只要動動手指就能輕易取得協助選項，TurboTax不但提供簡單易懂的常見問題集，也有一個連結功能，連到線上支援社群，讓納稅人和會計師免費提供意見。這類稅務軟體大受歡迎，美國國稅局在二〇一二年表示，美國有八一%的納稅人是利用這些線上服務申報所得稅。這類軟體的成功其實沒有什麼秘訣可言，並不是用了什麼巧妙的行銷手法，而是軟體真正簡單好用。其他業者也開始效法，讓一般人利用軟體也能處理好技術工作和專業工作，比方說LegalZoom公司就協助消費者完成原本必須委請律師做的事，比方說：撰寫遺囑或設立公司。

設計簡潔和容易使用，真的讓某些產品脫穎而出，或許消費電子用品界的情況最明顯不過。蘋果的產品容易使用，就是業界的一大傳奇（許多蘋果產品根本沒有使用說明書，產品安裝和操作都很容易），不過還有一些比較不為人知的供應商，也把看似困難的工作，變得相當容易執行。舉例來說，設定一個影片串流傳輸服務，充分利用不同隨選視訊服務（Netflix、亞馬遜網站和HBO這類有線電視業者），這件事聽起來好像很複雜或很費力，但是Roku公司就讓顧客能輕鬆做到。該公司推出的Roku播放器只比曲棍球扁球大一點，沒有按鍵，二分鐘就能設定好，使用者很快就能看到幾萬部影片。

Bose公司是了解為顧客省力這個構想的另一家消費電子用品廠商。還記得以前裝喇叭要弄一大堆線材，還要把線剝開一小段接上喇叭，麻煩的是這些線材長得都一樣，根本不知道該把線插到哪裡？Bose音響絕對不會這麼麻煩，該公司在線材加上簡單的顏色標籤，消費者只要依照顏色對應，就能把線材插進同樣顏色的插口。真是簡單好用。

顧客費力程度在購物體驗的角色

在二〇一二年春天，CEB公司的兩名同仁派崔克．史賓納（Patrick Spenner）和凱倫．傅雷曼（Karen Freeman）在《哈佛商業評論》，發表針對顧客購買行為進行的創新研究成果。在這篇名為〈想留住顧客，就把一切變簡單〉（To Keep Your Customers, Keep It Simple）的論文中，史賓納和傅雷曼主張，行銷人員通常把購物流程弄得太複雜，用技術資訊轟炸消費者，結果常是把消費者給嚇跑了：

行銷人員把時下的消費者當成精通資料搜尋的網路高手，以為消費者只要搜尋到哪個品牌或店家提供的價格和贈品最優惠，就馬上放棄原先惠顧的品牌或店家。行銷人員會這麼想是因為，他們認為品牌忠誠度正逐漸消失。所以，他們認為企業必須逐漸增加訊息傳達，期望本身提供愈多互動和資訊，就愈有機會抓住顧客的心。但是對許多消費者來說，行銷訊息的數量愈來愈多，卻一點吸引力也沒有，反而讓顧客無法招架。顧客認為行銷人員這樣做只是心懷不軌，拼命要顧客參與，最後不但沒有拉攏顧客的心，反而造成顧客流失。[4]

史賓納和傅雷曼的研究是由針對全球七千多位消費者進行的幾項調查組成，試圖找出究竟是什麼原因讓顧客對企業維持忠誠，或更可能購買、增加消費、以及向他人推薦企業的產品或服務。雖然有許多變數可能讓顧客維持對企業的忠誠，但是史賓納和傅雷曼發現，簡化消費者的購買決定可以歸納成這三件事：**讓顧客輕鬆取得品牌相關資訊**（例如：消費電子用品公司引導消費者到所需的內容來源，就能讓消費者感到安心，也最不可能變心）；**提供值得信賴的資訊**（比方說：迪士尼公司就利用「媽媽討論小組」〔Moms Panel〕，提供資訊給其他帶小孩來迪士尼樂園玩的家庭）；以及**讓消費者可以輕鬆衡量自己的選擇**（像戴比爾斯公司〔De Beers〕就設計「四個C」，協助鑽石買家比較看起來都差不多的鑽石）。「在我們調查中，跟分數在倒數二五%的品牌相比，」史賓納和傅雷曼表示，「分數在前二五%的品牌讓消費者想購買的意願高出八六%，續購可能性高出九%，跟他人推薦的可能性也高出一一五%。」

這種現象不是只出現在企業對消費者的品牌，CEB公司的銷售領導委員會發現，在企業對企業的交易環境中，五三%的顧客忠誠度受到購買體驗所影響——影響程度大幅超過供應商品牌、產品與服務的品質、以及價格／價值比率等因素（見圖8.1）。剖析購買體驗的最重要要素發現：顧客跟供應商做起生意「最簡單不過」，那種供應商的顧客就最死忠。

結果，顧客費力程度比較像是包羅萬象的經營概念，而不是一項顧客接洽策略。能設計容易使用的產品，協助顧客以簡單的方式購買，並提供省力的售後服務，這種企業就會在顧客忠誠度

圖8.1　企業對企業交易環境的顧客忠誠度影響因素

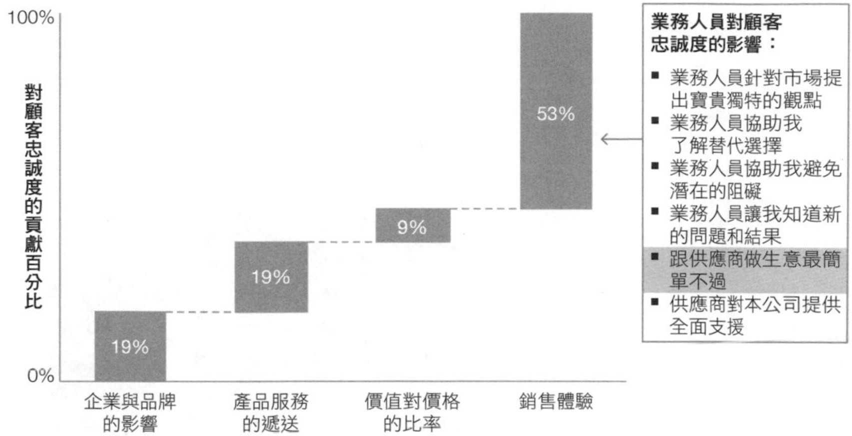

資料來源：CEB公司、CEB公司業務領導委員會（2013）

上獲得驚人的回報——尤其是在麻煩因素通常已成常態而非例外的世界裡，能為顧客省力的企業最能抓住顧客的心。

重點摘要

◆企業應該設法降低整個顧客生命週期的費力程度。我們的研究證實，降低售前及售後顧客接觸點的費力程度，就能對顧客忠誠度產生可觀的影響。讓顧客知道產品或服務的使用有多麼容易，就能吸引顧客購買；提供售後服務和支援，也是讓產品差異化的大好機會。

◆為顧客省力的企業就是最棒的企業。現在，頂尖品牌努力把省力體驗的原則，應用到從產品設計到銷售體驗等不同企業層面。這些公司勇敢挑戰現狀，大膽提出質問：顧客買東西應該排隊嗎？顧客在使用令人興奮的新產品前，必須花六十分鐘看完產品使用手冊嗎？這些公司會認為，那些情況根本讓人無法接受。

主要貢獻者

雖然這本書封面上只列出三位作者，但是就像CEB公司所有研究一樣，這本書也是龐大團隊工作的心血結晶。首先，我們要感謝這本書的幾位大功臣，他們跟作者一起組成這本書研究團隊的核心。

LARA PONOMAREFF

現任本公司顧客服務方案「顧客接洽領導委員會」（Customer Contact Leadership Council）研究主管，也是我們發現控制商數那項研究及顧客服務管道偏好研究的首席研究員，這兩項研究在本書有相當多的篇幅討論。Lara也是本書依據的幾項主要關鍵研究之重要成員，其中最值得注意的是我們在二〇〇八年對為降低顧客費力程度這項概念進行的研究。Lara一直是一位相當傑出的研究員、專案經理和教練，也是我們的好友，她跟大家都共事愉快。她是相當少見的人才，真正具備企業渴望的所有價值觀——構想影響力、成員影響力、寬宏大量、又有能力管理傑出人才。

PETER SLEASE

雖然Peter在我們剛發現省力體驗的影響力時才加入這個團隊，但是過去幾年內，他把這個構念及關聯性引進最多家企業。目前他擔任我們首席執行顧問，跑遍全球各地舉辦策略制定研討會和工作坊，並跟大家介紹省力體驗歷程包含的每個步驟。Peter具備相當罕見的技能組合，他做過客服主管也當過老師，而且這項體驗跟他對我們研究的驚人瞭解，讓他成為CEB公司幾千家他共事過的企業會員的寶貴顧問，對本書作者來說，他就是這種無價之寶。我們三人都認為他實在是一位了不起的團隊成員和朋友。

LAUREN PRAGOFF

就像我們在CEB公司說的，Lauren總是「參與創作」，她不只參與顧客費力程度這個概念的研究，也參與我們顧客服務研究計畫。Lauren從這個計畫的研究助理做起，現在擔任研究主管，負責全年度重要目標和會員參與。她跟我們一起共事多年，幾乎參與本書提及的每項研究調查和發現。更棒的是，Lauren是很有天分的教練和研究人才培育者。過去五年參與計畫的每位研究人員，都感謝Lauren的幫忙，讓他們在公司裡得到個人發展和陞遷。

KAREN FREEMAN

Karen是我們顧客服務研究團隊的創始成員，從二〇〇七年到二〇〇八年擔任這個團隊的研究主管，也是當初顧客費力程度研究調查的主力成員和重要思維領袖。她在二〇一〇年時，跟我一起合寫登在《哈佛商業評論》那篇〈別再取悅顧客〉。Karen目前擔任公司內部學習與發展的CEB大學執行長，這個單位負責提供CEB公司新進研究人員最新的訓練和發展體驗。Karen在二〇一〇年榮獲「構想影響力」獎，這是CEB公司頒給員工的最高榮譽獎項之一。我們真的很感謝她提供的傑出願景和研究領導力。

獻上我們由衷的感謝

除了這項研究的主要貢獻者外，還有許多人和組織協助並支持這項研究，若不是他們的付出，這本書絕不可能出版問世。

首先，我們萬分感謝公司領導階層，尤其感謝董事長暨執行長Tom Monahan和ＣＥＢ業務暨行銷實務總經理Haniel Lynn對這項研究和這本書的堅定支持。

這些年來，我們很榮幸跟許多很有才能的研究人員和執行顧問一起進行顧客服務計畫，這本書的研究依據都有他們的參與和貢獻。在此，我們要感謝團隊目前的成員BrentAdamson、Chris Brown、Mark Dauigoy、Jonathan Dietrich、TomDisantis、Brad Fager、Chris Herbert、WasimKabir、Jonathan Kilroy、Patrick Loftus、Lucyna Mackenzie、Yan Qu、Carol Shin、GauriSubramani和Judy Wang。我們也要感謝先前參與過我們團隊的成員RufinoChiong、Dan Clay、Shauna Ferguson、Rachel Greenblatt、MattHoffman、Michael Hubble、Jessica Klarfeld、Ben Koffel、Victoria Koval、Matt Lind、Peter LaMotte、Dave Liu、Liz Martin、Anastasia Milgramm、Dalia Naamani-Goldman、Melissa Schnyder、Coryell Stout、John Taddei、Louise Wiggins、Jacob Winkler和Peter Yang。

我們這個行業很特別，我們相當仰賴公司裡面對我們工作相當專精的思維領導力和指導關係。Eric Braun是我們的研究主管，從顧客費力程度研究初期，他就密切參與至今。這項研究因為有他的參與，讓結果更令人滿意。在Eric加入前，我們很慶幸能跟公司「ＣＥＢ風範」的傳奇人物和大師們一起研究，這些人包括Pope Ward、TimPollard、Derek van Bever和Chris Miller。在過去十年內的不同時間點，這些人教導我們何謂提供企業會員值得花時間關注的研究與見解。

最後，我們還要感謝ＣＥＢ的商業團隊，他們負責協助企業會員，利用我們研究的衍生價值並採取行動。在曾經協助我們進行顧客服務計畫的許多優秀專業人士中，我們要感謝KristenRachinsky、Kristie Shifflette、Lucy Bracewell、Erica Hayman、CatEverson、Molly McGonegle和Katherine Moore。

除了ＣＥＢ公司同仁，我們當然還要大力感謝Dan Heath用他的研究挑戰我們的想法，也要特別感謝他幫這本書寫了這麼精彩的推薦序。我們很榮幸能跟當代最有影響力的思維領袖和說故事專家為友。另外，我們由衷感謝ＣＥＢ公司遍布全球的企業會員。我們在ＣＥＢ公司的所有研究都是受到企業會員的啟發，他們告訴我們哪些問題最急迫，不吝給予我們寶貴時間，讓我們得以學習這些問題如何呈現在他們和所屬組織面前，也讓我們調查公司客服人員、主管、甚至顧客；在我們提出要求時，也願意讓我們側寫企業最佳實務和實務策略，讓其他企業會員可以效法最佳實務，不必自己重新設計。

在目前ＣＥＢ公司幾百家企業會員和幾千名客服主管個人會員中，我們要特別感謝以前和現在的一些會員，感謝他們對這項研究做出無比的貢獻：

- John Bowden和Time Warner Cable的團隊
- 比爾・克雷頓和信實能源公司的團隊
- John Connolly和Centrica／British Gas的團隊
- Derrick DeRavariereck和美國運通TRS的團隊
- Sharmane Good、Fawzia Drakes和LoyaltyOne的團隊
- Blue Train Consulting LLP（原Target）的Mark Halmrast
- Elizabeth Orth和EarthLink的團隊
- Homeaway.com（原Cadence DesignSystems）的Dan Rourke

同時，我們當然一定要感謝許多優秀專業人士的協助，讓我們順利完成出版這本書的各個階段：我們的經紀人Marsal-Lyon的Jill Marsal，以及Portfolio的超優團隊包括：才能出眾的編輯Maria Gagliano、編輯助理Julia Batavia、行銷主管Will Weisserck和發行人Adrian Zackheim；我們耐心十足的圖表設計師Tim Brown、以及CEB公司出色的行銷和公關團隊包括：Rory Channer、Ian Walsh、Ayesha Kumar-Flaherty、RosemaryMasterson、Matt Stevens、Laura Merola、Leslie Tullio和ShannonEckhart；最後當然要感謝《哈佛商業評論》資深編輯Gardiner Morse的支

持，協助我們將這項研究讓更廣大的企業社群知道。

最後，要感謝我們生命中最重要的人。要不是家人的支持與鼓勵，這本書根本不可能付梓印行。迪克森要感謝他的老婆、摯友和最大支持者Amy Dixon，同時也要感謝他四名優秀傑出的子女Aidan、Ethan、Norah和Clara。顧客服務帶來的喜悅可能被過度誇大，但是家人帶來的喜悅卻是世上最重要的珍寶。

托曼想要感謝老婆Erika，在他為多年研究集結成這本書的過程中，持續不斷地給予鼓勵與支持，也感謝年紀還小的兒子帶給他的愛和無比的喜悅，感謝他的兄弟Jeremy和Mikey（現在他們還相信我們是在幫主管們畫漫畫），還有感謝他爸媽Vern和Cathy的無比支持。

最後德里西要謝謝太太Jeannie（這位擁有英文碩士學位又很有天分的老師，文筆比先生要好得多），謝謝兒子Chris（目前在老爸的母校雪城大學唸傳播與行銷，雪城大學，加油！）、感謝住在佛羅里達州春丘的爸媽Don和Sue DeLisi、感謝住在維吉尼亞州費爾法克斯的兄弟John和家人、以及住在密西根州聖約瑟夫的姊妹Donna和家人（第五章提到護士照顧病人要謹記一切「別放在心上」的故事就是她提供的）。

附錄

附錄A：問題─管道對應工具

使用說明：
利用這項工具考慮顧客費力程度和組織成本，將顧客問題對應到最適合的解決管道。

1

步驟1：確定問題類型
將貴公司最常見的問題／要求進行分類。（參見第二章萬事達卡公司篩選問題的做法。）

2

步驟2：評量最適合的管道
依據針對各管道的是／否問題，評估步驟1確認出的個別問題／要求。

3

步驟3：計算各管道的適合分數
利用步驟2的問題答案取得一個數值，這個數值反映出解決這種問題類型適合的管道。重複步驟2和步驟3，算出各管道的適合分數。

4

步驟4：評估結果
將步驟3算出的個別管道適合分數加以比較，決定這種問題類型的最適管道。

重複步驟2到4，為各種問題類型找出最適管道。

問題─管道對應工具

問題類型：＿＿＿＿＿＿＿＿＿＿＿＿＿＿＿＿

利用篩選問題評量適合管道

網站自助服務	
首要問題	是／否
1. **企業是否透過網站自助服務功能解決這個問題？**	
2. **大多數顧客是否能利用網站自助服務解決這個問題？**	
3. **服務組織是否可以因為這個特殊問題，設法改變網站自助服務跟解決這類問題有關的部分？**	
▪ 如果上述問題的回答皆為「是」，請繼續回答問題4到問題15。 ▪ 如果上述問題中有任一問題的答案為「否」，那麼這個問題就不適合用網站自助服務解決。請跳到步驟3，並將網站自助服務的適合分數列為「1」。	
解決問題的顧客費力程度 以下問題回答是，表示利用網站自助服務解決問題是省力體驗。	是／否
4. 解決這個問題的對策，是否能輕鬆透過網站取得？（例如：知識庫或搜尋功能是否能輕鬆引導顧客找到這些對策？）	
5. 顧客的要求是否能以幾個步驟透過自助服務有效解決？（例如：不超過三個畫面就能點選找到解答。）	
6. 是否能以標準回應／或不會因為個別顧客而異的制式流程滿足顧客的要求？	
7. 企業是否能清楚簡單地說明解決顧客要求所需的資訊？（這裡指的不是需要更多解說的要求）	
8. 這個問題是否很少引發相關問題或需要由客服人員親自處理？	
9. 顧客是否無須登入帳戶或提供其他個人資訊，就能透過自助服務解決這項要求？	
跟顧客費力程度相關的額外問題 以下問題或許不適用所有問題與（或）組織	是／否
10. 從法律觀點來看，顧客的要求是否能透過網站自助服務解決？	
11. 從安全的觀點來看，顧客是否放心提供任何個人資訊，以透過網站自助服務解決本身要求？	
12. 大多數顧客是否信賴網路？	
解決問題的成本 下列問題回答是，表示網站自助服務是解決這類問題的省錢管道。	是／否
13. 企業是否投資設置確實有效的工具，在線上處理這項要求？	
14. 網站自助服務能力是否足夠處理這項要求？	
15. 這是否是企業針對這項問題提供顧客優質服務的最省錢管道？	

計算管道適合分數 利用步驟2的答案了解管道適合分數。 如果大多數問題都回答「是」，就在下列費力程度影響與成本影響等欄位，選擇較高的分數。		
費力程度影響 5＝非常省力 1＝非常費力	**成本影響** 3＝省錢 1＝很花錢	**網站自助服務管道適合分數** （費力程度影響×成本影響） **利用步驟4的數字**
＿＿＿＿＿＿ ×	＿＿＿＿＿＿ ＝	＿＿＿＿＿＿

CEB
WHAT THE BEST COMPANIES DO

電話語音自助服務	
首要問題	是／否
1. **企業是否透過電話語音服務功能解決這個問題？**	
2. **大多數顧客是否能利用電話語音服務徹底解決這個問題？**	
▪ 如果上述問題的回答皆為「是」，請繼續回答問題3到問題13。 ▪ 如果上述問題中有任一問題的答案為「否」，那麼這個問題就不適合利用電話語音服務解決。請跳到步驟3，並將網站自助服務的適合分數列為「1」。	
解決問題的顧客費力程度 以下問題回答是，表示利用電話語音服務解決問題是省力體驗。	是／否
3. 顧客的要求是否簡單明白，足以透過電話語音服務準確有效地解決？	
4. 顧客的要求是否能以幾個步驟透過電話語音服務有效解決？（例如：不超過三個選單就能找到解答。）	
5. 是否能以標準回應／或不會因為個別顧客而異的制式流程滿足顧客的要求？	
6. 這個問題是否很少引發相關問題或需要由客服人員親自處理？	
7. 企業是否能清楚簡單地說明解決顧客要求所需的資訊？（這裡指的不是需要更多解說的要求）	
8. 顧客是否安心使用電話語音技術（尤其是利用自然語言處理的交談式電話語音）解決本身的要求？	
9. 針對需要顧客提供特定資訊的要求，顧客是否只用電話按鍵就能輸入這項資訊？	
10. 這項要求目前無法透過網站自助服務解決嗎？	
解決問題的成本 下列問題回答是，表示電話語音服務是解決這類問題的省錢管道。	是／否
11. 企業是否投資設置確實有效的工具，透過電話語音處理這項要求？	
12. 電話語音服務能力是否足夠處理這項要求，包括向顧客準確取得必要資訊？	
13. 這是否是企業針對這項問題提供顧客優質服務的最省錢管道？	

計算管道適合分數
利用步驟2的達案了解管道適合分數。
如果大多數問題都回答「是」，就在下列費力程度影響與成本影響等欄位，選擇較高的分數。

費力程度影響 5＝非常省力 1＝非常費力	**成本影響** 3＝省錢 1＝很花錢	**電話語音服務管道適合分數** （費力程度影響 × 成本影響） 利用步驟4的數字
____________ ×	____________ ＝	____________

附錄B：問題解決百寶箱

問題解決評量工具組

避免後續問題的評量模型

了解解決失敗的影響程度

1 利用重複來電追蹤，找出避免後續問題的傾向：

- 針對解決方案提供全盤考量
- 找出績效較差及績效優異的個別績效和傾向
- 以此做為激勵客服團隊專注品保監控與通話後的顧客導向根本原因分析

評量選擇決定的規則1

評量類別	評量方法	外顯問題[1] 1＝無法掌握 5＝可掌握	內隱問題（相鄰）[2] 1＝無法掌握 5＝可掌握	內隱問題（情緒）[3] 1＝無法掌握 5＝可掌握	樣本大小 1＝小 5＝大	對客服人員的公平性 1＝不公平 5＝公平	固有偏差 1＝偏差 5＝無偏差	根本問題分析 1＝無效 5＝有效	找出指導機會 1＝ 5＝
追蹤重複來電	依據帳戶名稱追蹤重複來電	5	5	5	5	2	5	2	4
	依據電話號碼追蹤重複來電	4	4	4	4	2	5	2	3
	客服人員在開始接通電話時詢問：「這是您三十天內，首次來電嗎？」	3	3	4	4	4	4	2	1
品保報告	品保監控來電並評量問題解決	4	3	2	3	3	3	3	5
顧客報告	通話後調查（非立即調查）	3	1	4	1	2	3	3	3
	意見分析	1	1	4	5	1	4	2	3
	通話後立即調查	2	1	3	2	3	2	2	2
	客服人員在通話結束詢問顧客：「您今天的問題都解決了嗎？」	2	1	1	3	3	2	2	1
客服人員報告	客服人員把問題標示為已解決	2	2	1	4	5	1	2	2

1 外顯問題：顧客原先陳述的問題，這類問題通常是由顧客自行判斷，由企業負責解決。

2 內隱問題：不在顧客陳述的問題範圍內，通常顧客當時並未察覺，後來才知道。這類問題顧客可能判斷不出來。**相鄰問題**是內隱問題的一種，也就是看似無關，後續卻會產生關係的問題。

3 內隱問題：不在顧客陳述的問題範圍內，通常顧客當時並未察覺，後來才知道。這類問題顧客可能判斷不出來。**情緒問題**是內隱問題的一種，意指問題解決體驗讓顧客想再打電話回來詢問，通常是想確認問題解決方式。

了解造成解決失敗的因素

2 在品保監控後，讓外顯問題與相鄰問題的根本原因浮現出來。

- 改善問題類別的準確性
- 監控客服人員績效以正確找出指導的機會
- 提供機會把「適當的重複來電」從解決失敗分數中排除掉

＋

3 結合通話後顧客調查與意見回饋，以找出解決失敗的情緒因素

- 提供機會了解顧客與企業對「問題解決」的定義差別
- 找出讓顧客重複來電的情緒因素
- 提供方法收集並分析顧客的意見，以便找出哪裡有改善的機會

符合顧客觀點 1＝不符合 5＝符合	基礎設施要求 1＝高 5＝低	平均 1-5	排名 1-9	CEB WHAT THE BEST COMPANIES DO Council View	Implementation Tips a
3	1	**3.7**	**1**	▪ 掌握外顯問題與內隱問題，並同時減少人為疏失。 ▪ 如果目前系統無法追蹤問題解決，就會耗費相當多的資源。 ▪ 低於呈報的問題解決率，因為問題解決率包含任何問題的重複來電次數，但是經年累月後會呈現常態分佈。	☑ 持續應用這種做法，而且只用於找出指導機會（而非用於績效評量），以減輕客服人員對於這種評量標準對他們不公平的認知。 ☑ 追蹤短期間（五到十四天）的重複來電，因為大多數顧客來電就發生在為同一事件第一次來電的不久後，這樣做也能獲得更多的指導效益。 ☑ 追蹤範圍內的重複來電，因為問題解決本身有一種自然變異。 ☑ 允許客服人員註記不理性或無法控制的重複來電，這樣就不會把這些來電列入客服人員的個人績效。 ☑ 在電話接通時就詢問顧客：「這是您第一次因為這個問題來電嗎？」這樣做只能處理一次解決率，但是詢問「這是您三十天內，首次來電嗎？」就能處理避免後續問題。
3	2	**3.3**	**2**		
4	3	**3.2**	**3**		
2	4	**3.2**	**3**	▪ 通常能找出外顯問題的解決失敗，但是單獨使用時卻從未找出內隱問題。 ▪ 提供機會從解決失敗中把「適當的」重複來電去除掉。	☑ 跟追蹤重複來電等其他評量方法結合，利用三角測量法分析數據，並分析外顯問題與內隱問題的根本原因。
5	2	**2.7**	**5**	▪ 包含顧客觀點，這一點很重要，因為顧客最清楚自己在解決問題時的情緒起伏。不過，顧客對相鄰問題所知甚少，通常也不清楚外顯問題的解決狀態，要等到掛完電話後又出現問題時才曉得。 ▪ 意見分析是一項新技術，所以其準確評量問題解決的能力尚未獲得證實。	☑ 通話後立即調查只能掌握顧客對該通電話的滿意度，然而通話後非立即調查卻能更準確掌握問題是否解決。 ☑ 調查的樣本數小，尤其是通話後非立即調查，因為許多顧客會選擇不參與調查。 ☑ 調查的準確性取決於，問題是否清楚易懂並能掌握顧客對問題解決的認知。 ☑ 利用這種方法做為輔助來源，將其與品保報告和追蹤重複來電等方式結合。
3	1	**2.5**	**6**		
3	2	**2.2**	**8**		
2	3	**2.0**	**9**		
1	3	**2.3**	**7**	▪ 不必使用系統就能追蹤大多數來電的解決失敗。 ▪ 容易有主觀回應的傾向。 ▪ 允許客服人員註記超越本身控制範圍的來電。	☑ 利用這項評量來減少客服人員認為其他評量不公平的感覺。 ☑ 如果重複來電追蹤系統尚未備妥，就利用這項評量結合品保和／或顧客報告資料。

附錄C：客服人員常用的否定用語〔供訓練人員使用〕

供訓練人員使用的工具組：彙整貴公司十大否定語氣情境

設計一個否定語氣情境範本

好好想想貴公司最常發生的否定語氣情境，這樣有助於更有效訓練客服團隊；你可以試著找出同業最常出現問題的客服情境，這樣能協助你思考哪種對話會引發否定語氣。

檢核表： 採取步驟		檢查對象	目標 完成日期
詢問幾位績效優異的客服人員，他們最常遇到最棘手的狀況為何。看看是否有特定問題類型會造成通話問題，如果有，就專心找出這些情境中可能用到的否定語氣。利用來電類別資料協助你找出這類情境。	❏	________ ________ ________	______
請客服人員針對這些最棘手的來電進行角色扮演練習，聽聽他們在什麼時候使用否定語氣及用了什麼措詞。	❏	________ ________ ________	______
可能的話，提供品保團隊常見否定語氣措詞，請他們註記經常聽到這些措詞的來電類型。聽聽他們找出的電話記錄，感覺一下客服人員如何使用否定語氣及何時使用否定語氣。	❏	________ ________ ________	______
利用這項資料確認引發否定語氣的十大情境名單。另外設計一個常在哪些情境出現的否定措詞用語名單。	❏	________ ________ ________	______
把否定措詞用語名單放進這本工作簿的「這樣講，別那樣講！」頁面。詢問客服同仁這份名單是否需要修改或增加什麼。跟客服同仁和品保團隊一起腦力激盪，提出肯定語氣措詞用語取代這些否定措詞用語。	❏	________ ________ ________	______

資料來源：CEB公司顧客接洽委員會（Customer Contact Council）之業務、行銷與溝通實務，網址：www.ccc.executiveboard.com

附錄D：顧客費力程度分數第二版：入門手冊

顧客費力程度分數第二版：入門手冊

如何評量貴公司的顧客費力程度

利用下列實施秘訣的協助，將顧客費力程度分數第二版跟貴公司針對顧客意見的現行做法加以整合。

- 使用顧客費力程度分數第二版，取得解決流程中顧客費力程度的整體概況。
- 利用針對顧客費力程度進行的更詳細調查，分析解決流程中造成顧客費力的個別來源。
- 考慮改變會讓顧客費力的問句結尾，以符合顧客提出要求的原因類型（例如：……完成銷售？）
- 為了掌握顧客未解決的問題或要求，在回應選項中增加一個「要求未解決」欄位（通話後立即調查除外）。
- 利用跟顧客的通話記錄進行更徹底的分析，了解顧客費力程度並找出可以著手改善的目標。

顧客費力程度分數第二版——標準問題

您對下列陳述的同意或不同意程度：

	非常不同意 (1)	不同意 (2)	有點不同意 (3)	既沒有同意也沒有不同意 (4)	有點同意 (5)	同意 (6)	非常同意 (7)
這家公司讓我輕鬆解決問題：	❑	❑	❑	❑	❑	❑	❑

績效比較

顧客費力程度分數第二版的企業分數分佈

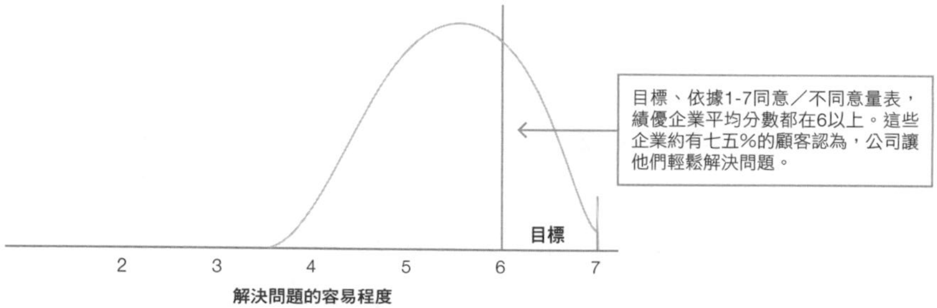
目標、依據1-7同意／不同意量表，績優企業平均分數都在6以上。這些企業約有七五%的顧客認為，公司讓他們輕鬆解決問題。
目標
2
3
4
5
6
7
解決問題的容易程度

資料來源：CEB公司（2013）

附錄E：顧客費力程度評量——簡單調查問題

CEB
WHAT THE BEST COMPANIES DO

顧客費力程度評量

調查問題範例

主要忠誠度評量方式

你跟親友推薦〈公司名稱〉的可能性有多大？

- ○ 0：一點也不可能
- ○ 1
- ○ 2
- ○ 3
- ○ 4
- ○ 5
- ○ 6
- ○ 7
- ○ 8
- ○ 9
- ○ 10：非常可能

依據1到7的量表，請指出你對下列陳述的同意程度：

	非常不同意	不同意	有點不同意	既沒有同意也沒有不同意	有點同意	同意	非常同意
我打算繼續跟〈公司名稱〉惠顧	○	○	○	○	○	○	○
我會考慮增加跟〈公司名稱〉的消費	○	○	○	○	○	○	○
我對〈公司名稱〉提供的價值感到滿意	○	○	○	○	○	○	○

顧客服務體驗成果

你上次跟〈公司名稱〉客服部門／支援部門接洽是什麼時候？

- ○ 一週內
- ○ 一個月內
- ○ 二個月內
- ○ 六個月內
- ○ 一年內
- ○ 一年前
- ○ 從沒接洽過

請從下列項目選出最符合你跟客服中心接洽的主要原因

- ○ 解決產品或服務的問題
- ○ 抱怨申訴
- ○ 查詢或變更帳戶狀態
- ○ 取得帳戶資訊
- ○ 退還產品或服務
- ○ 購買產品或服務
- ○ 一般詢問
- ○ 以上皆非

你先使用下列**哪種客服／支援資源**解決問題？（可複選）

- ☐ 我打電話跟〈公司名稱〉詢問
- ☐ 我在〈公司名稱〉網站尋找解決辦法
- ☐ 我利用〈公司名稱〉的網站聊天室服務
- ☐ 我發電子郵件給〈公司名稱〉
- ☐ 其他

依據1到7的量表，針對自己的服務體驗，請指出你對下列陳述的同意程度：

	非常不同意	不同意	有點不同意	既沒有同意也沒有不同意	有點同意	同意	非常同意
這家公司讓我**輕鬆**解決問題	○	○	○	○	○	○	○
跟我原本的預期相比，我花**更少時間**解決問題	○	○	○	○	○	○	○

電話：電話語音服務體驗

依據1到7的量表，針對你使用〈公司名稱〉的電話語音系統的體驗，請指出你對下列陳述的同意程度：

	不適用	非常不同意	不同意	有點不同意	既沒有同意也沒有不同意	有點同意	同意	非常同意
可供我選擇的選項相當清楚	○	○	○	○	○	○	○	○
我很容易在電話語音系統中找到自己要的選項	○	○	○	○	○	○	○	○

電話：電話客服互動

依據1到7的量表，針對你跟〈公司名稱〉客服人員的互動體驗，請指出你對下列陳述的同意程度：

	不適用	非常不同意	不同意	有點不同意	既沒有同意也沒有不同意	有點同意	同意	非常同意
電話馬上就接通，我不必等很久才跟客服人員通上話	○	○	○	○	○	○	○	○
客服人員迅速回應我的每項意見	○	○	○	○	○	○	○	○

電子郵件

依據1到7的量表，針對你跟〈公司名稱〉電子郵件往來的體驗，請指出你對下列陳述的同意程度：

	不適用	非常不同意	不同意	有點不同意	既沒有同意也沒有不同意	有點同意	同意	非常同意
我在相當合理的時間內就收到回覆	○	○	○	○	○	○	○	○
我收到的回覆似乎很制式化	○	○	○	○	○	○	○	○

附錄 E：顧客費力程度評量——簡單調查問題　（續上頁）

其他意見／人口統計資料

你還想提供其他資訊或意見嗎？如果有，請寫在這裡。

____

____

____

____

____

____

你跟〈公司名稱〉惠顧大約多久了？

____

你是哪一年出生的？

____

附錄F：顧客費力程度稽核

WHAT THE BEST COMPANIES DO

顧客費力程度稽核工具

說明

顧客費力程度稽核工具讓你找出目前讓顧客最費力的服務管道（例如：網站、電話語音服務），指引你找到能協助你降低那個服務管道費力程度的資源。利用這項工具，你要回答這些核心問題：

1. 我能做什麼，好能依序降低各服務管道的費力程度？

2. 哪個服務管道提供降低顧客費力程度的最重大機會？

做法

1. 回答挑選服務管道的問題集。答案為「否」的部分就是可考慮做改變之處。
2. 依據下面這二個標準，以1-5的量表評估各管道的屬性類別。
   a. 這部分讓顧客有多費力？
   b. 這項屬性要改變有多難？

附錄F：顧客費力程度稽核 （續上頁）

網站

下列判斷問題只要回答「是或否」。答案為「否」表示這個部分可能讓顧客很費力。

屬性	依據屬性的費力程度判斷問題	回答：是或否（Y／N）
導覽能力	資訊是否以顧客清楚易懂的用語撰寫？	
	網站導覽功能是否以目標顧客的觀點去設計？	
	顧客是否可以依據各種方式取得資訊（依據事件、依據產品及依據問題）？	
	網站是否容易存取（例如：容易授權或登入）？	
	你是否確保最有用的內容不會深藏在貴公司網站的隱匿處（使用者可以很快就找到大多數內容並存取大多數功能）？	
	是否很容易透過網站跟客服接洽？	
	客服電話號碼是否讓顧客不必傷腦筋就能找到？	
	客服電話號碼是否出現在幾個顧客容易造訪的網頁？	
資訊品質	網站知識庫的可用數量是否恰當？	
	是否依據顧客直覺，排列資訊優先順序？	
	資訊是否具有高品質？	
	網站用語是否依據目標顧客了解的用語去設計？	
	在適當狀況下是否依據季節差異更動服務資訊的重要順序？	
	是否依據影響來電量的因素排列服務資訊的重要順序？	
功能性	顧客是否能在網站上完成所有相當簡單的工作？	
	網站功能依據目標顧客而設計？	
	顧客完成交易時，是否主動提供相關交易或資訊？	
	顧客可以在網路上追查問題處理進度或購買狀態嗎？	
	可能的話，是否提供自動帶出或儲存顧客資訊？	
	是否提供線上討論區？	
	如果有，是否監控討論區的品質？	
	如果有，是否指派員工參與討論區的討論嗎？	
	是否提供誘因，「激勵使用者」參與討論區的討論？	
評量標準是否追蹤……	點擊的網頁數目	
	搜尋次數	
	網站停留時間	
	造訪的網頁數目	
	重設密碼的容易程度	
	登入失敗的次數	
	知識庫文件的時效性	
	顧客追查狀態的頻率	
	客服來話量中，顧客先設法透過網站解決問題，後來必須透過客服人員解決所占的比例。	

資料來源：CEB公司（2013）

電話語音系統

下列判斷問題只要回答「是或否」。答案為「否」表示這個部分可能讓顧客很費力。

屬性	依據屬性的費力程度判斷問題	回應：是或否（Y／N）
導覽能力	是否讓顧客清楚知道，他們能透過電話語音服務取得什麼服務？	
	貴公司的客服人員是否協助顧客了解如何使用電話語音服務？	
	顧客是否能輕易了解要挑選哪些選項？	
	貴公司是否依照直覺，為顧客把選項歸類？	
	電話語音系統是否使用顧客了解的措詞用語（而不是只讓貴公司自己聽得懂）？	
	是否允許顧客可以跳過那些跟顧客詢問事項無關的資訊？	
	電話語音服務是否在處理問題前，先通知顧客重要資訊（例如：現在是客服中心的下班時間）？	
	如果貴公司有語音辨識功能，貴公司是否也提供顧客使用電話按鍵功能？	
	如果顧客必須在一套選項中做選擇，就會被安排由特定客服處理，在線上等候嗎？	
	網站上是否看得到電話語音服務說明，或是透過文宣加以說明？	
	是否告訴顧客他們會聽到的選項數目？	
	是否在電話語音服務中將來話量高的問題擺在比較前面的順序（例如：產品召回、緊要訊息通知等等）	
	是否測試過看完表單要花多久的時間？	
	是否徵求客服人員針對電話語音服務體驗提出意見？	
資訊品質	是否透過電話語音服務提供顧客常見問題集？	
	如果是，顧客清楚知道他們能在常見問題集中找到什麼嗎？	
	常見問題集是以顧客看得懂的措詞用語撰寫嗎（不是只有公司自己看得懂）？	
	是否定期更新常見問題集，把最重要的資訊都包含在內？	
功能性	是否提供電話直接掛斷的選項？	
	是否允許選擇退出的功能，讓顧客不必聽到經常重複的資訊（例如：銀行帳戶餘額、選單選項等等）？	
	顧客是否能儲存本身的電話語音服務偏好或喜愛的交易項目？	
	是否仰賴電話語音服務取得的資訊，讓客服人員透過電腦電話整合系統，將資訊顯示在客服人員的螢幕上？	
	是否提供重複來電使用電話語音服務的顧客，「快速撥號選擇所欲選項」的功能？	
評量標準是否追蹤……	掛斷率	
	轉接準確率（例如：轉接次數）	
	完成率	
	一般顧客透過電話語音服務解決問題要花多少時間	
	語音辨識轉接準確率	
	顧客對於電話語音系統的意見	

資料來源：CEB公司（2013）

附錄F：顧客費力程度稽核　（續上頁）

電話

下列判斷問題只要回答「是或否」。答案為「否」表示這個部分可能讓顧客很費力。

屬性	依據屬性的費力程度判斷問題	回應：是或否（Y／N）
問題解決	是否提供獎勵，讓客服人員努力把問題解決好？	
	是否定期跟客服人員強調問題解決的重要性？	
	是否監控客服以求準確判斷問題？	
	是否特別禮遇再次來電（或多次來電）的顧客？	
	是否找出多次來電的根本原因？	
	是否允許顧客針對不同個性的顧客採取不同的對待方式（例如：提供方法處理顧客的情緒）？	
	是否要求客服人員為每個問題的解決負責（即使這樣做涉及到組織其他部門參與）？	
	是否允許客服人員回電給顧客？	
	是否允許客服人員預先解決適當的相關問題？	
	是否稽核內部政策，確保政策不會造成解決顧客問題時的重複來電？	
	客服人員是否有能力以電子郵件的方式，通知顧客後續資訊？	
	客服人員必須跟顧客說「不」時，是否提供顧客適當的替代解決方案？	
	當某些問題可以解決，某些問題不可以解決時，是否會通知顧客？	
轉接	必要時，顧客的電話是否都會被轉接給適合的專業人員處理？	
	必要時，是否提供貼心轉接，先將問題跟後續承辦人員說明清楚，讓顧客不必重述資訊？	
	如果沒有，是否做到避免顧客重述資訊？	
通話流程	客服人員是否追蹤自己何時及為何說「不」或「我無法處理那件事」？	
	是否採取行動，改變解決問題遭遇的障礙？	
	是否只詢問顧客你立即需要的資訊？	
	是否避免詢問顧客已經透過電話語音系統提供的資訊？	
	那些能從內部資源取得的資訊（例如：帳戶資訊、檔案資訊），是否避免向顧客詢問？	
	是否代表顧客向其他利害關係人詢問，幫顧客省時省力？	
	是否只在絕對必要時才要求顧客填妥表格？	
	一般說來，貴公司使用的表格是否能讓顧客看得懂（而不是只有貴公司自己看得懂）？	
	是否收集客服意見，了解顧客對於貴公司所用表格之措詞用語有何看法？	
	是否提供顧客送回表格的替代管道（例如：傳真、電子郵件、網路）？	
	是否確認顧客是否收到貴公司寄出的資訊？	
等候接通電話與通話中的等候時間	是否通知顧客需要線上等候多少時間？	
	在客服人員忙線中的情況下，你是否提供留言回電功能？	
	是否監控額外等候時間？	
	是否依據等候時間制定顧客期望？	
評量標準是否追蹤⋯⋯	問題解決率	
	重複來電率	
	重複來電類型分析	
	轉接率	
	貼心轉接率與冷轉接率	
	顧客費力程度分數——CEB公司的顧客費力程度評量標準	
	顧客投入時間的評量（例如：等候接通電話的時間、使用電話語音的時間、通話中的等候時間等等）	
	資訊的品保準確度	
	品保問題診斷	

資料來源：CEB公司（2013）

註解

推薦序

1. Alaina McConnell, "Zappos' Outrageous Record for the Longest Customer Service Phone Call Ever," *Business Insider,* December 20, 2012, http://www.businessinsider.com/zappos-longest-customer-service-call-2012-12.
2. Amy Martinez, "Tale of Lost Diamond Adds Glitter to Nordstrom's Customer Service," *Seattle Times,* May 11, 2011, http://seattletimes.com/html/businesstechnology/2015028167_nordstrom12.html.

第 1 章：顧客忠誠度的新戰場

1. Jessica Sebor, "CRM Gets Serious," *CRM Magazine*, February 2008, http://www.destinationcrm.com/Articles/Editorial/Magazine-Features/CRM-Gets-Serious-46971.aspx.
2. Mae Kowalke, "Customer Loyalty Is Achievable with Better Support," TMCnet. com, February 29,

2008, http://www.tmcnet.com/channels/virtual-call-center/articles/21858-customer-loyalty-achievable-with-better-support.htm.

3. Frederick F. Reichheld, *The Ultimate Question: Driving Good Profits and True Growth* (Cambridge, MA: Harvard Business School Press, 2006). 中譯本《活廣告計分法》，商智出版。

4. ANZMAC Conference 2005: Broadening the Boundaries (Fremantle, Western Australia, December 5–7, 2005), 331–37.

第二章：顧客為什麼喜歡自助服務

1. S. S. Iyengar and M. Lepper, "When Choice Is Demotivating: Can One Desire Too Much of a Good Thing?" *Journal of Personality and Social Psychology*, 79 (2000): 995–1006.

2. "Make It Simple: That's P& G's New Marketing Mantra—and It's Spreading," *BusinessWeek,* http://www.businessweek.com/1996/37/b34921.htm.

第六章：善用顧客流失偵測指標

1. Frederick F. Reichheld, "One Number You Need to Grow," *Harvard Business Review,* December 2003; http://hbr.org/2003/12/the-one-number-you-need-to-grow/ar/1.

2. M. Dixon, K. Freeman, and N. Toman, "Stop Trying to Delight Your Customers," *Harvard Business*

Review, July 2010; http://hbr.org/2010/07/stop-trying-to-delight-your-customers.

3. A. Turner, "The New 'It' Metric: Practical Guidance About the Usefulness and Limitations of the Customer Effort Score (CES),"Market Strategies International, January 2011, http://www.marketstrategies.com/user_area/content_media/Customer%20Effort%20Score%20Ver%201.0.pdf.

第八章：打造為顧客省力的企業

1. Ron Johnson, "What I Learned Building the Apple Store," *HBR Blog Network,* November 21, 2011, http://blogs.hbr.org/cs/2011/11/what_i_learned_building_the_ap.html.
2. George Anderson, "New Look Drives Comp Sales at Old Navy," *RetailWire,* July 13, 2011, http://www.retailwire.com/discussion/15374/new-look-drives-comp-sales-at-old-navy.
3. Ayad Mirjan, "An Examination of the Impact of Customer Effort on Customer Loyalty in Face-to-Face Retail Environments," Henley Business School, University of Reading (UK), March 30, 2012.
4. Patrick Spenner and Karen Freeman, "To Keep Your Customers, Keep It Simple,"*Harvard Business Review,* May 2012.

Note

Note

新商業周刊叢書 BW0525

別再拚命討好顧客：

專心替顧客省麻煩，回購比例就能輕鬆提高94%！

原著書名／The effortless experience : conquering the new battleground for customer loyalty
作　　者／馬修・迪克森（Matthew Dixon）
尼克・托曼（Nick Toman）、
瑞克・德里西（Rick Delisi）
譯　　者／陳琇玲
企劃選書／陳美靜
責任編輯／吳瑞淑
版　　權／黃淑敏
行銷業務／周佑潔、張倚禎

國家圖書館出版品預行編目（CIP）資料

別再拚命討好顧客／馬修・迪克森（Matthew Dixon）、尼克・托曼（Nick Toman）、瑞克・德里西（Rick Delisi）作；陳琇玲譯．-- 初版．-- 臺北市：商周出版：城邦文化發行，2014.01
面；　公分
譯自：The effortless experience : conquering the new battleground for customer loyalty
ISBN 978-986-272-523-8（平裝）
1. 顧客服務　2. 顧客關係管理
496.7　　102027654

總 編 輯／陳美靜
總 經 理／彭之琬
發 行 人／何飛鵬
法律顧問／台英國際商務法律事務所　羅明通律師
出　　版／商周出版
臺北市104民生東路二段141號9樓
電話：(02) 2500-7008　傳真：(02) 2500-7759
E-mail: bwp.service @ cite.com.tw
發　　行／英屬蓋曼群島商家庭傳媒股份有限公司　城邦分公司
臺北市104民生東路二段141號2樓
讀者服務專線：0800-020-299　24小時傳真服務：(02) 2517-0999
讀者服務信箱E-mail: cs@cite.com.tw
劃撥帳號：19833503　戶名：英屬蓋曼群島商家庭傳媒股份有限公司城邦分公司
訂購服務／書虫股份有限公司客服專線：(02) 2500-7718；2500-7719
服務時間：週一至週五上午09:30-12:00；下午13:30-17:00
24小時傳真專線：(02) 2500-1990；2500-1991
劃撥帳號：19863813　戶名：書虫股份有限公司
E-mail: service@readingclub.com.tw
香港發行所／城邦（香港）出版集團有限公司
香港灣仔駱克道193號東超商業中心1樓
E-mail: hkcite@biznetvigator.com
電話：(852) 25086231　傳真：(852) 25789337
馬新發行所／城邦（馬新）出版集團
Cite (M) Sdn. Bhd. (45837ZU)
11, Jalan 30D/146, Desa Tasik, Sungai Besi, 57000 Kuala Lumpur, Malaysia.
電話：(603) 9056-3833　傳真：(603) 9056-2833　E-mail: citekl@cite.com.tw

封面設計／黃聖文視覺工作室
印　　刷／韋懋實業有限公司
總 經 銷／高見文化行銷股份有限公司　新北市樹林區佳園路二段70-1號
電話：(02) 2668-9005　傳真：(02) 2668-9790　客服專線：0800-055-365
行政院新聞局北市業字第913號

■2014年1月16日初版一刷　　Printed in Taiwan
■2021年3月18日初版4.3刷

定價360元　　版權所有・翻印必究
ISBN 978-986-272-523-8

城邦讀書花園
www.cite.com.tw

商周出版

廣	告	回	函
北區郵政管理登記證			
台北廣字第000791號			
郵資已付，免貼郵票			

104台北市民生東路二段141號2樓

英屬蓋曼群島商家庭傳媒股份有限公司

城邦分公司　收

請沿虛線對摺，謝謝！

商周出版

書號：BW0525　　書名：別再拚命討好顧客　　編碼：

請於此處用膠水黏貼

商周出版

讀者回函卡

感謝您購買我們出版的書籍！請費心填寫此回函卡，我們將不定期寄上城邦集團最新的出版訊息。

不定期好禮相贈！
立即加入：商周出版
Facebook 粉絲團

姓名：＿＿＿＿＿＿＿＿＿＿＿＿＿＿＿＿＿ 性別：☐男 ☐女

生日：西元＿＿＿＿＿＿＿年＿＿＿＿＿＿＿月＿＿＿＿＿＿＿日

地址：＿＿＿＿＿＿＿＿＿＿＿＿＿＿＿＿＿＿＿＿＿＿＿＿＿

聯絡電話：＿＿＿＿＿＿＿＿＿＿＿＿ 傳真：＿＿＿＿＿＿＿＿＿＿＿

E-mail ：

學歷：☐ 1. 小學 ☐ 2. 國中 ☐ 3. 高中 ☐ 4. 大學 ☐ 5. 研究所以上

職業：☐ 1. 學生 ☐ 2. 軍公教 ☐ 3. 服務 ☐ 4. 金融 ☐ 5. 製造 ☐ 6. 資訊

☐ 7. 傳播 ☐ 8. 自由業 ☐ 9. 農漁牧 ☐ 10. 家管 ☐ 11. 退休

☐ 12. 其他＿＿＿＿＿＿＿＿＿＿＿＿＿＿＿＿＿＿＿＿

您從何種方式得知本書消息？

☐ 1. 書店 ☐ 2. 網路 ☐ 3. 報紙 ☐ 4. 雜誌 ☐ 5. 廣播 ☐ 6. 電視

☐ 7. 親友推薦 ☐ 8. 其他＿＿＿＿＿＿＿＿＿＿＿＿＿＿

您通常以何種方式購書？

☐ 1. 書店 ☐ 2. 網路 ☐ 3. 傳真訂購 ☐ 4. 郵局劃撥 ☐ 5. 其他＿＿＿

您喜歡閱讀那些類別的書籍？

☐ 1. 財經商業 ☐ 2. 自然科學 ☐ 3. 歷史 ☐ 4. 法律 ☐ 5. 文學

☐ 6. 休閒旅遊 ☐ 7. 小說 ☐ 8. 人物傳記 ☐ 9. 生活、勵志 ☐ 10. 其他

對我們的建議：＿＿＿＿＿＿＿＿＿＿＿＿＿＿＿＿＿＿＿＿＿＿＿

＿＿＿＿＿＿＿＿＿＿＿＿＿＿＿＿＿＿＿＿＿＿＿＿＿＿＿＿＿

＿＿＿＿＿＿＿＿＿＿＿＿＿＿＿＿＿＿＿＿＿＿＿＿＿＿＿＿＿

請於此處用膠水黏貼